普通高等教育"十三五"规划教材

有色金属冶金学实验教程

李继东 宁 哲 王一雍
李 丹 邵 品 卢艳青 编著

北 京
冶金工业出版社
2019

内 容 提 要

本书依据有色金属冶金学课程的教学要求，设计汇编了系列教学实验内容，列举了18个经典实验，涵盖了有色金属冶金中的火法冶金实验、湿法冶金实验和电冶金实验三大类别，此外，还介绍了误差与数据处理的方法。

本书为高等学校冶金工程专业教材，也可供冶金及相关专业的工程技术人员学习参考。

图书在版编目(CIP)数据

有色金属冶金学实验教程/李继东等编著.—北京：冶金工业出版社，2019.8
普通高等教育“十三五”规划教材
ISBN 978-7-5024-8201-5

Ⅰ.①有… Ⅱ.①李… Ⅲ.①有色金属冶金—实验—高等学校—教材 Ⅳ.①TF8-33

中国版本图书馆CIP数据核字(2019)第168994号

出 版 人 谭学余
地　　址 北京市东城区嵩祝院北巷39号 邮编 100009 电话 (010)64027926
网　　址 www.cnmip.com.cn 电子信箱 yjcbs@cnmip.com.cn
责任编辑 高 娜 宋 良 美术编辑 吕欣童 版式设计 孙跃红
责任校对 卿文春 责任印制 李玉山
ISBN 978-7-5024-8201-5
冶金工业出版社出版发行；各地新华书店经销；三河市双峰印刷装订有限公司印刷
2019年8月第1版，2019年8月第1次印刷
148mm×210mm；3.875印张；114千字；118页
18.00元

冶金工业出版社 投稿电话 (010)64027932 投稿信箱 tougao@cnmip.com.cn
冶金工业出版社营销中心 电话 (010)64044283 传真 (010)64027893
冶金工业出版社天猫旗舰店 yjgycbs.tmall.com
（本书如有印装质量问题，本社营销中心负责退换）

前　言

“有色金属冶金学”是冶金工程专业的一门重要的专业必修课，涉及轻、重、稀等多种有色金属的冶炼原理与工艺流程，具有很强的实际应用性和工艺指导价值。通过相关实验课程的学习，可使学生提高运用所学知识独立分析问题与解决问题的能力，增强与科研实践的动手能力，加强团队协作精神和创新意识。本书系根据“有色金属冶金学”课程的教学要求，结合辽宁科技大学的客观教学实验条件，介绍了火法冶金、湿法冶金和电冶金 3 大类 18 个经典教学实验。每个实验均有关于基本原理的论述，详细介绍了实验仪器及装置、实验步骤等方面的内容。既有传统的有色金属冶金的经典实验内容，又适当增加了新型实验设备的介绍及创新型实验的内容，同时在每个实验后面增设了思考题或拓展部分，适当增加理论深度；考虑到实验过程中的实际需要，书中附录介绍了在实验过程中的测量误差与数据处理方法。内容简明扼要，突出实用性，通过具体的教学实验操作过程，使读者加深对有色金属冶炼原理和工艺知识的理解和运用，了解试验研究工作的程序，掌握试验方法和技能，对于提高读者工程实践能力和创新意识，具有重要的现实意义和参考价值。

参加本书编写工作的有辽宁科技大学李继东（实验 1~4，实验 13~14）、宁哲（实验 8~11）、王一雍（实验 15~17）、邵品（实验 12）、卢艳青（实验 18），鞍山技师学院李丹（实验 5~7）；全书由李继东统稿并审定。

本书初稿承蒙中国恩菲工程技术有限公司李兵高级工程师、白银有色集团股份公司纪武仁高级工程师审阅，提出了许多宝贵意见；在编写录入过程中，还得到了张朝纲、康红光、张继新的帮助；辽宁科技大学教材出版基金对本书的出版工作提供了资助。在此一并表示衷心的感谢！

由于编者水平所限，书中不妥之处，诚望读者批评指正。

作　者

2019年5月

目　录

实验 1　白云石煅烧实验

1.1　实验目的

（1）掌握煅烧实验方法。

（2）了解白云石的热分解过程。

（3）了解白云石完全热分解的温度控制条件。

1.2　实验原理

白云石的煅烧温度及煅烧时间是热法炼镁中影响还原过程反应速度及影响镁产品质量的因素之一。以白云石为原料，在煅烧时由于控制的条件不同，在反应过程中会出现不同的反应性。

白云石是 $CaCO_3 \cdot MgCO_3$ 的复合物，当加热到某一温度时，白云石中的 $CaCO_3$ 和 $MgCO_3$ 分解为 CaO 和 MgO。图 1-1 所示为白云石分解曲线。白云石的热分解分为两个阶段：第一阶段为 $MgCO_3$ 的分解，其分解温度为 734～736℃；第二阶段为 $CaCO_3$ 的分解，分解温度为 904～906℃。

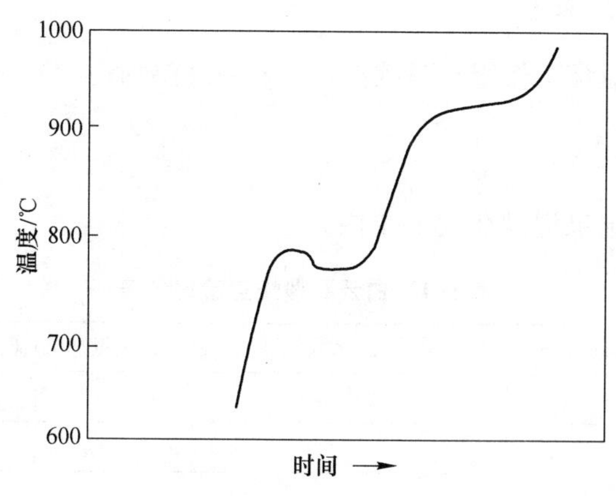

图 1-1　白云石分解曲线

白云石分解过程的反应式如下：

$$CaCO_3 \cdot MgCO_3 \xlongequal{} CaO \cdot MgO + 2CO_2 \uparrow \quad (1-1)$$

一般温度控制在1000℃时，即可认为 $CaCO_3 \cdot MgCO_3$ 完全分解，并且白云石的活性度可达35%。根据热分解的条件，在实验室里可以测出白云石的煅烧程度。

1.3　实验仪器与试剂

（1）实验设备：DW-702控温仪、电阻炉、天平、干燥器。

（2）实验试剂：白云石。

1.4　实验步骤

（1）称取一定质量的白云石，放置在高纯刚玉坩埚内。

（2）放入电阻炉中，并升温控制到设定温度。

（3）达到设定温度后恒温一定时间，取出放置冷却，待冷却至室温后称产物质量。

（4）计算白云石失重率。

（5）按上述要求做出不同温度下的煅烧实验。

（6）根据实验结果和反应方程式计算白云石分解率。

（7）绘出失重量与温度变化的关系曲线图。

1.5　注意事项

取样时应穿工作服、佩戴护具，避免高温灼伤。

1.6　实验记录

将实验结果记录在表1-1内。

表1-1　白云石煅烧实验记录表

温度/℃	时间/min	原料质量/g	煅烧后质量/g	失重量/g	白云石分解率/%
500					
600					
700					

续表 1-1

温度/℃	时间/min	原料质量/g	煅烧后质量/g	失重量/g	白云石分解率/%
800					
900					
1000					

1.7 实验数据处理与报告编写

1.7.1 实验数据处理

（1）失重率：

$$\Delta W_{失重率} = \frac{W - W_1 - W_0}{W} \times 100\% \tag{1-2}$$

式中 W——白云石的总质量，g；

W_1——某一温度下煅烧后剩余质量，g；

W_0——白云石中的杂质含量及附着水质量，g。

（2）分解率：

$$h_{分解率} = \frac{W'_{CO_2}}{W_{CO_2}} \times 100\% \tag{1-3}$$

式中 W'_{CO_2}——煅烧过程中失去的 CO_2 质量，g；

W_{CO_2}——白云石中结合的 CO_2 质量，g。

1.7.2 编写报告

实验报告内容应包括实验名称、日期、目的，基本原理简述，实验仪器和药剂，煅烧技术条件，实验步骤，实验记录，数据处理，实验结果，分析讨论。

1.8 思考题

（1）在热分解过程中，哪一段温度区域失重量大，为什么？

（2）热法炼镁时，煅烧温度在什么范围内比较好，受哪些因素限制？

实验2 热失重法测定炭阳极的氧化速率

2.1 实验目的

(1) 学习并掌握热失重法测定炭阳极氧化速率的原理与实验方法。

(2) 计算炭阳极空气氧化速率。

2.2 实验原理

在铝电解过程中中央阳极参与电化学反应而被连续消耗，工业生产上实际消耗的炭质量总是超过理论量。依炭阳极消耗机理来看，炭阳极的消耗除电化学反应消耗外，还包括与空气二氧化碳反应的消耗。化学消耗主要表现为炭阳极在空气中的氧化等。

炭阳极被空气氧化反应属于气固反应，是一种多相反应，其反应式如下：

$$C+O_2 = CO_2 \tag{2-1}$$

$$2C+O_2 = 2CO \tag{2-2}$$

亦可写成下面通式：

$$a\text{A（固）}+b\text{B（气）}=c\text{C（气）}$$

反应速率是对反应整体而言，故可写成：

$$v_{反}=-\left(\frac{1}{a}\right)\frac{dx[A]}{dt}=-\left(\frac{1}{b}\right)\frac{dx[B]}{dt}=-\left(\frac{1}{c}\right)\frac{dx[C]}{dt} \tag{2-3}$$

或

$$v_{反}=-\left(\frac{1}{b}\right)\frac{dx[B]}{dt}=Kx[B] \tag{2-4}$$

式中 $v_{反}$——化学反应速率；

K——速率常数；

$x[B]$——炭阳极表面气体中 O_2 的浓度；

t——反应时间。

由于多相反应的共同特点是反应物质存在于不同相内，而反应是在相界面上发生的，就与反应物质向界面扩散及反应产物扩散离开界面的过程有着密切关系。因此，扩散作用对多相反应是重要的。按菲克第一扩散定律，扩散速率可用下式表示：

$$v_{扩}=K'(x[B]_1-x[B]) \tag{2-5}$$

式中　$v_{扩}$——扩散速率；

K'——气体通过气膜的传质系数；

$x[B]$——气膜外气体中 O_2 的浓度；

$x[B]_1$——炭阳极试样表面上的 O_2 浓度。

炭阳板的氧化作用是上述两个环节组成的串联过程，当反应达到稳态时两种速率相等，则：

$$K'(x[B]_1-x[B]) = K(B)$$

即：

$$x[B] = \frac{K'}{K+K'}x[B]_1$$

所以：

$$v_{扩} = \frac{K \cdot K'}{K+K'}x[B]_1 = \frac{1}{\dfrac{1}{K}+\dfrac{1}{K'}}x[B]_1$$

当化学反应过程为控制步时，即 $K' \gg K$，则：

$$v_{反}=-\left(\frac{1}{b}\right)\frac{\mathrm{d}x[B]}{\mathrm{d}t}=Kx[B]_1 \tag{2-6}$$

式（2-6）表明，氧化反应速率可以用测定参加反应气体中的 O_2 浓度根据对应的时间与浓度作图，绘制出浓度随时间变化的曲线，从曲线上找出某个瞬间的斜率，即为该瞬间的反应速率，由于反应速率是对反应整体而言，炭阳极的耗量与 O_2 浓度的变化成正比，故在实验中是通过测定炭阳极在一定温度下在不同时间内的重量变化，绘出炭阳极失重与时间的关系曲线，由此计算炭阳极的氧化反应速率。

2.3　实验仪器设备与装置

（1）仪器设备：精密温度自动控制器 1 台，加热电炉 1 台，电子天平 1 台，MD200-3，直流电位差计 1 台，UJ-36。

（2）实验装置：实验装置连接如图 2-1 所示。

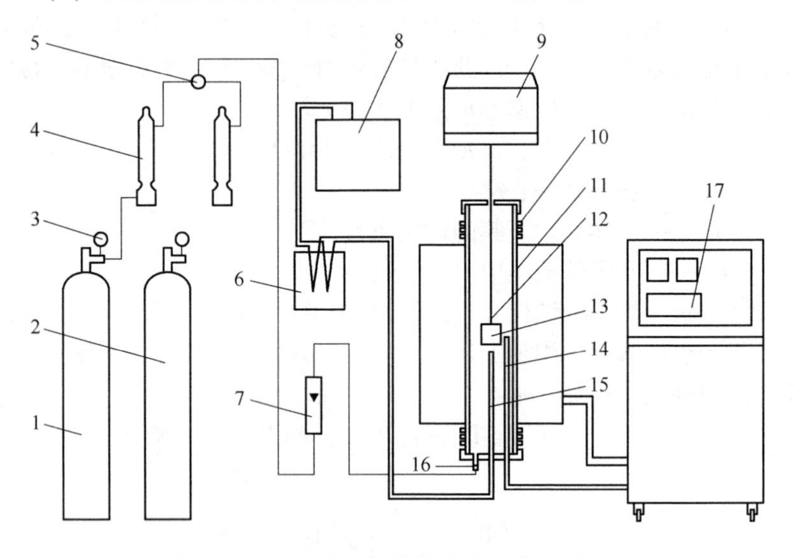

图 2-1　测定炭阳极氧化速率实验装置示意图

1—空气钢瓶；2—氮气钢瓶；3—氧气表；4—干燥塔；5—三通阀门；
6—冰点器；7—转子流量计；8—直流电位差计；9—电子天平；
10—水冷却管；11—刚玉管；12—金属吊丝；13—炭阳极试样；
14—控温热电偶；15—测温热电偶；16—进气管；17—控温仪

2.4　实验步骤

（1）试样准备：

1）将炭阳极加工成 ϕ20mm×40mm 的圆柱体，并在其端面中心部位钻一个 ϕ2mm×10mm 的孔，以便固定悬挂金属钩用。

2）取一段 ϕ5mm 金属丝，将一端弯成圆弧形，另一端插入炭阳极试样的圆孔中。

3）在炭阳极试样两端面上涂一层快干水泥，并在 150℃ 的烘箱里烘干。

4）将制备好的炭阳极试样挂在天平金属吊丝下端的圆环上。

（2）测定：

1）启动控温仪电源开关，将加热炉升温至550℃时进行恒温。

2）待加热炉恒温后，将已悬挂在吊丝上的炭阳极试样放到上炉口处进行预热，并向反应室内通入氮气，流量控制在2L/min。

3）在通入氮气约5min之后，可将已预热的炭阳极试样送入反应室内的恒温带中。

4）将试样送入反应室后，待反应室的温度达到恒定时，便可停止通入氮气，而以同样的流量通入空气。

5）启动电子天平进行称量，要求每5min称量一次，氧化反应时间为2h。

（3）停炉：

1）到达规定的反应时间后，应立即停止通入空气。

2）断开电子天平的电源开关。

3）断开控仪电源开关，停止电炉加热。

2.5 注意事项

（1）为使氧化反应在试样圆柱面上进行，要求在试样两端面上涂一层高温水泥。涂层要均匀，不应有漏涂处。

（2）将试样送入反应室之后，可用直流电位差计测温度的变化，待温度达到恒定之后，便可进行称量工作。

（3）电子天平开机后，应保证有一定的预热时间。

2.6 实验记录

将实验数据填写在表2-1中。

表2-1　数据记录表

时间	试样重量/g	空气流量/$L \cdot min^{-1}$	反应温度/℃

2.7 实验数据处理与报告编写

2.7.1 数据处理

（1）以失重、反应时间和参与反应的试样表面积来计算氧化速率：

$$K = \frac{W_1 - W_2}{s(t_2 - t_1)} \times 10^3 \tag{2-7}$$

式中 K——炭阳极试样空气氧化速率，mg/(cm^2·h)；
W_1——炭阳极试样在 t_1 时的重量，g；
W_2——炭阳极试样在 t_2 时的重量，g；
t_1——前一次称重时刻，h；
t_2——后一次称重时刻，h；
s——参与氧化反应试样的表面积，cm^2。

（2）如果在实验中阳极试样脱落的粉尘数量较多时，可用下面的方式计算氧化速率：

$$K = \frac{W_1 - W_2 - W_3}{s(t_2 - t_1)} \times 10^3 \tag{2-8}$$

式中 W_3——粉尘重量，g。

2.7.2 编写报告

（1）简述实验的基本原理。

（2）记明实验数据、条件。

（3）绘制炭阳极试样失重与时间的关系曲线。

（4）计算炭阳极试样空气氧化速率，讨论测定炭阳极空气氧化速率的意义。

2.8 思考题

（1）何谓加热电炉的恒温带，怎样测定电炉的恒温带？

（2）如果用同一转子流量计分别测量空气的流量和氮气的流量（使用条件一致），若两种气体的流量示值相同，请问两种气体的实际流量相同吗，为什么？

实验3 硅热法炼镁实验

3.1 实验目的

（1）学习硅热法炼镁的基本原理。

（2）掌握硅热法炼镁实验的全过程。

（3）学会硅热法炼镁的配料计算。

3.2 实验原理

白云石煅烧后称为煅白，主要组成为 MgO、CaO、SiO_2 和 Al_2O_3 等。为了获得金属镁，应选择在反应温度下氧化物的标准生成自由焓变化比氧化镁的标准生成自由焓变化小的元素作为还原剂，还原剂的选择可参照艾林汉图，如图3-1所示。

由图3-1可见，硅可以做 MgO 的还原剂，还原起始温度为2375℃。当用硅（铁）还原煅白时，生成稳定的化合物二钙硅酸盐，此时还原起始温度降低约600℃；用硅还原煅白的平衡温度随压力减小而降低。用硅还原煅烧白云石的反应可用式（3-1）表示：

$$2MgO(s)+CaO(s)+Si(s)=\!=\!=CaO\cdot SiO_2(s)+2Mg(g) \qquad (3-1)$$

在一定的高温和一定的真空条件下，反应迅速向右进行，还原出的镁呈气态，在结晶器中结晶。在用硅还原煅白的热法炼镁中，温度控制在1150~1200℃，真空度保持在133.22~13.33Pa。实验流程如图3-2所示。

3.3 实验仪器设备与试剂

（1）实验仪器设备：高温还原炉及温度控制装置，真空机组及真空检测装置，制团设备，还原罐，天平。

真空实验装置如图3-3所示。

（2）实验试剂：实验所用原料为白云石，其分子式为 $CaCO_3\cdot$

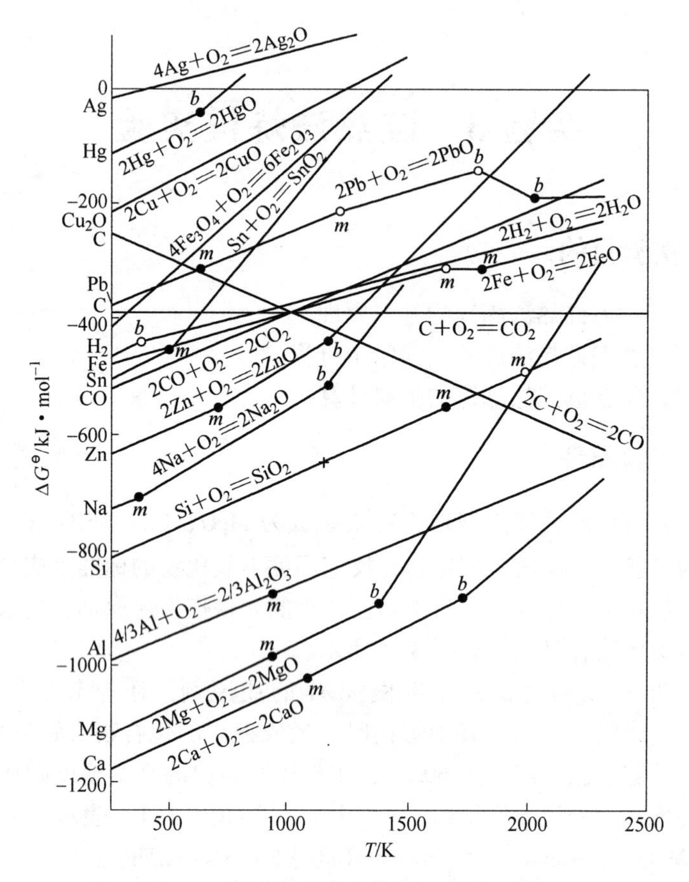

图 3-1　氧化物的自由焓图（艾林汉图）

m—熔化温度；*b*—沸腾温度

$MgCO_3$，实验前将其煅烧，煅烧温度为 1150℃，煅烧时间为 40min。煅烧白云石的分子式为 CaO · MgO。将其置于干燥处，封存备用。

实验所用还原剂为硅铁粉，添加剂为萤石粉，二者烘干备用。

（3）实验条件：制团压力 30MPa，还原温度 1200℃，真空度 13Pa，还原时间 3h。

3.4　实验步骤

（1）配料计算。根据实验室提供的煅白和硅铁的化学成分，按

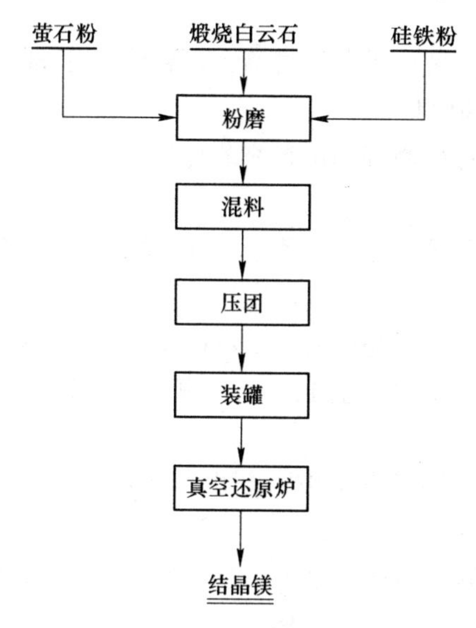

图 3-2　实验流程

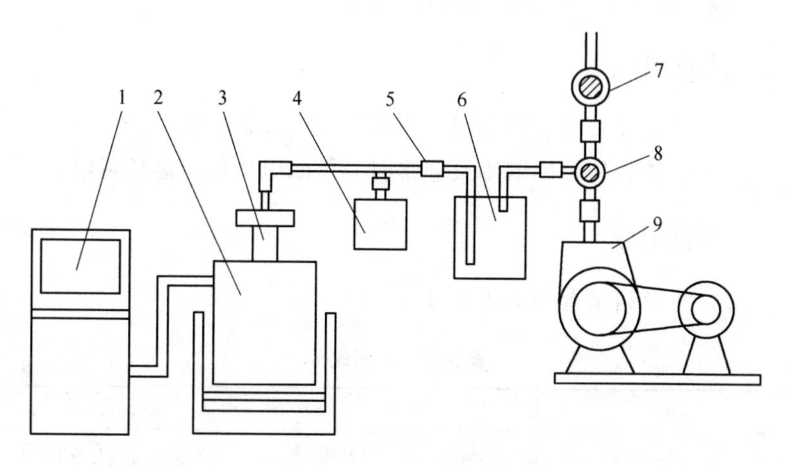

图 3-3　真空实验装置

1—DWK-E 型温控仪；2—电炉；3—还原罐；4—麦氏真空计；5—真空管路；6—净气装置；7—放气阀；8—三通阀；9—真空泵

照反应式（3-1）计算各原料质量。其中 Si/2MgO 的摩尔比等于 1.2，萤石配入量的质量分数为 2%。试样总质量为 100g，使用天平称量。

（2）磨料。将煅白粉磨、过筛，使粒度小于 80 目；硅铁粉也需要过筛，粒度为 80 目。

（3）混料。将配制好的试料充分混匀。

（4）制团。

（5）装罐。称取 80g 团料装入反应罐底部，再装入结晶套，接入真空系统。

（6）装炉。加热炉温度升至 800℃时，将反应罐装入炉内。

（7）还原。当炉温升至 1180℃、真空度达到 13Pa 时，开始记录还原时间。

（8）停炉。还原反应结束后断电，将反应罐从炉中取出，自然冷却。

（9）待反应罐温度降至 300℃以下时，停止抽真空，系统与大气连通，打开反应罐，取出结晶套。

（10）称取镁的质量，进行计算。

3.5 注意事项

（1）启动和关闭真空泵时，要在教师指导下进行。

（2）装炉和从炉内取出反应罐时，要断电操作，避免触电。

3.6 实验记录

（1）将原料情况填入表 3-1。

表 3-1 原料成分

煅白		硅铁		萤石粉	
质量/g	百分比/%	质量/g	百分比/%	质量/g	百分比/%

加入反应罐的团块质量________g，装入罐内结晶套质量________g。

（2）将还原条件填入表 3-2。

表3-2　实验过程记录

反应时间/min	反应温度/℃	真空度/Pa

（3）记录镁产量。镁质量________g。

3.7　实验数据处理与报告编写

3.7.1　试验数据处理

（1）计算镁产出率：

$$A = \frac{M}{\frac{24.3}{40.3} W \cdot B \cdot C} \times 100\% \tag{3-2}$$

式中　A——镁的产出率,%；
M——产出镁的质量，g；
W——装入的团料质量，g；
B——煅白的量（质量分数）,%；
C——煅白中 MgO 的量（质量分数）,%。

（2）计算硅的利用率：

$$S = \frac{\frac{28.1}{48.6} M}{E \cdot F} \times 100\% \tag{3-3}$$

式中　S——硅的利用率,%；
M——产出镁的质量，g；
E——团料中硅铁的质量，g；
F——硅铁中的硅含量（质量分数）,%。

3.7.2 编写报告

实验报告内容应包括实验名称、日期、目的，基本原理简述，实验仪器和药剂，还原技术条件，实验步骤，实验记录，数据处理，实验结果，分析讨论。

3.8 思考题

(1) 为什么用75号硅铁作为还原剂？
(2) 为什么用白云石作为炼镁原料？
(3) 为什么要在真空度13Pa下进行实验？
(4) 为什么在配料中要添加适量的萤石粉？

实验 4　铅锡合金的真空蒸馏分离

4.1　实验目的

（1）学习真空蒸馏分离、提纯有色金属及合金的基本原理，掌握铅锡合金真空蒸馏分离的工艺与特性。

（2）掌握真空系统、真空度、分离系数、蒸馏速率、挥发分等基本概念。

（3）熟悉真空蒸馏分离、提纯有色金属及合金的实验室装置及操作。

4.2　实验原理

锡矿常伴生铅，有的甚至锡铅共生。在锡精矿还原熔炼过程中，大部分铅进入粗锡。用结晶法精炼粗锡时产出铅-锡合金（焊锡）。焊锡的传统处理方法是采用氯化物电解液电解以分离铅和锡。此法的主要缺点是：生产工艺流程复杂材料与试剂消耗大，设备腐蚀与环境污染严重，加工费用高，劳动条件恶劣等。

由于近年来真空冶金技术迅速发展，目前我国的大多数锡冶炼厂都用真空蒸馏分离焊锡新技术取代了传统的电解工艺。其主要特点是生产流程短，不消耗任何试剂，加工费仅为焊锡电解的 1/3、金属回收率提高 3%左右、车间占地面积小、劳动条件好等。

真空蒸馏分离、提纯有色金属及合金的基本依据是在同一温度条件下纯物质的蒸气压差值的大小及各组分间的相互作用性质。对任意一种二元合金 A-B 能否用真空蒸馏分离，一般可用分离系数数值的大小来判断。

设 A-B 二元系合金在真空蒸馏时，当气-液两相平衡时，气相中 A、B 的蒸气密度比 ρ_A/ρ_B 与液相中 A、B 两组分的含量比 a/b 有如下的关系式：

$$\rho_A/\rho_B = \frac{\gamma_A}{\gamma_B} \cdot \frac{p_A^0}{p_B^0} \cdot \frac{a}{b} \tag{4-1}$$

式中 ρ_A/ρ_B——A-B 合金气液两相平衡时，组分 A、B 的蒸气密度；

a，b——A-B 合金气液两相平衡时，组分 A、B 在液相中的含量；

γ_A，γ_B——组分 A、B 的活度系数；

p_A^0，p_B^0——组分 A、B 的纯物质蒸气压。

令：

$$\frac{\gamma_A}{\gamma_B} \cdot \frac{p_A^0}{p_B^0} = \beta$$

则得：

$$\rho_A/\rho_B = \beta \cdot \frac{a}{b}$$

可见，气相中两成分之比与液相中两成分之比成正比，β 为比例系数，称为分离系数。当 $\beta = 1$ 时表明两相成分相同，用真空蒸馏法不能把组分 A 和 B 分开，当 $\beta > 1$ 或 $\beta < 1$ 时两相成分不一样，可用真空蒸馏法把组分 A 和 B 分开。$\beta > 1$ 时，A 富集在气相中；$\beta < 1$ 时，A 富集在液相中。

纯铅和纯锡蒸气压与温度的关系式如下：

$$\lg p_A^0 = -10130T^{-1} - 0.985\lg T + 11.6$$

$$\lg p_B^0 = -15500T^{-1} + 8.32$$

单位：×133.3Pa。

计算结果绘制成图 4-1。

在 1000℃时，两者的蒸汽压值相差 10^4 倍。在 1300℃时，两者仍相差 10^3 倍。Pb-Sn 二元系与理想溶液呈不大的正偏差，偏差的程度随温度升高而减小。在 1200℃左右，当铅含量 N_{Pb} 为 0～50%时，γ_{P_b} 约为 1.3～1.4，γ_{Sn} 为 1～1.05。由此计算可知，当温度在 1000～1100℃时，分离系数 $\beta \gg 1$，如图 4-2 所示。

因此在铅-锡合金真空蒸馏时，铅挥发出来富集在气相中，然后冷凝成液体铅；锡则残留在液相中，两者易于分离。

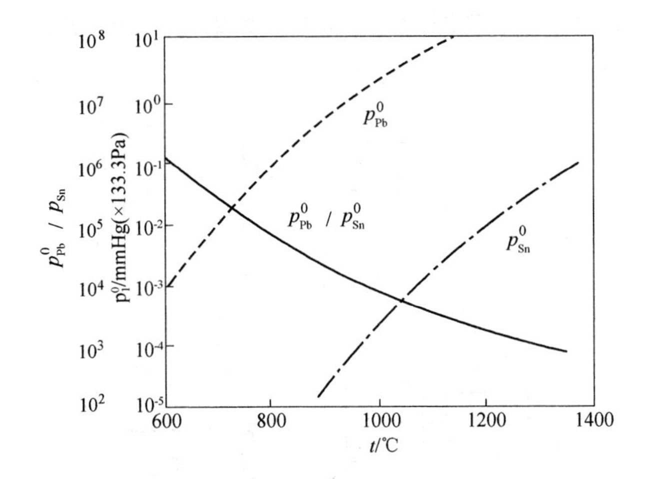

图4-1　铅和锡纯态时的蒸气压曲线

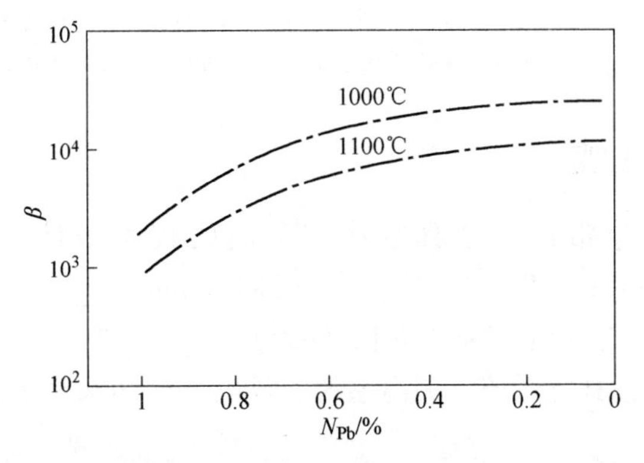

图4-2　在1000℃、1100℃时Pb-Sn二元系液-气平衡成分

4.3　实验仪器设备与试剂

（1）实验仪器设备：真空炉：2XZ-4型旋片真空泵，麦氏真空计，LEK-T-40型可控硅调压器，铂-铂铑热电偶，DJ-3型真空继电器，真空微调针阀，真空橡皮管，蝶阀，天平，石墨（或刚玉）坩埚。

（2）试剂：工厂实际产出的焊锡或实验配制的焊锡均可。焊锡含Pb 37%，Sn 63%，密封用真空胶、封蜡、松香等。

(3) 设备连接示意图。真空蒸馏分离铅锡合金的实验室装置如图 4-3 所示。

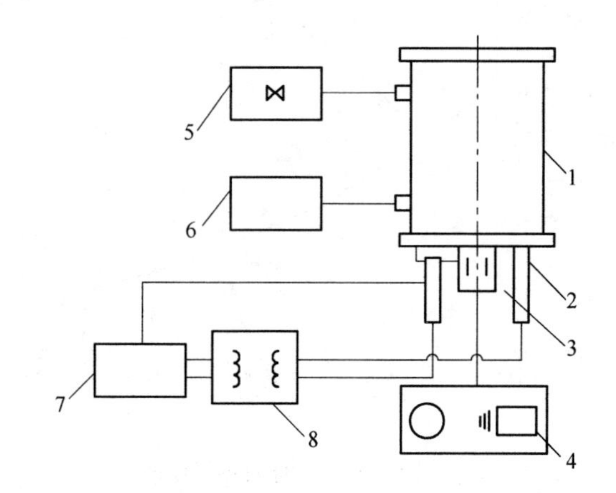

图 4-3　真空蒸馏分离焊锡

1—真空炉；2—电极；3—测温热电偶；4—机械式旋片真空泵；
5—真空针阀；6—麦氏真空计；7—控制器；8—供电电源

4.4　实验步骤

(1) 设计铅锡合金真空蒸馏分离的技术条件，温度（℃）________，残压（Pa）________，时间（min）________，试料重（g）________，坩埚蒸发表面积（cm^2）________。

(2) 检查真空系统、测温系统、供电及冷却水系统的连接是否正确。

(3) 在天平上准确称取所需的试料重量并置于坩埚中。

(4) 将盛有试料的坩埚置于真空炉内（如用石墨坩埚请注意绝缘）。

(5) 将炉盖盖好，密封好真空系统。

(6) 打开冷却水开关，使冷却水循环。

(7) 启动机械真空泵抽真空直到预定的真空度。

(8) 通电并调整电流电压使温度升到预定的温度。

(9) 在所预定的温度下按所预定的恒温时间使温度恒定（温度

波动控制在±3℃），在整个恒温时间内应维持恒定的真空度（残压）。

（10）待到达规定的时间后，断电降温，待炉温降到100℃以下时，停止供入冷却水并关闭真空泵，停止抽真空。

（11）打开真空炉炉盖，小心地从冷凝器上取下冷凝物；从炉内取出坩埚。

（12）在天平上分别准确称量冷凝物及残留合金的重量。

（13）整理实验设备。

4.5　注意事项

（1）真空炉必须先通入冷却水后再通电升温，否则会烧坏电极。

（2）若无本实验所列的真空炉也可用大管式电炉（ϕ50mm）代替。

（3）注意不要让真空泵油返流进炉内。

（4）实验完毕后一定要关好水、电开关。

（5）注意真空系统的密封。

4.6　实验记录

技术条件：温度（℃）________，残压（Pa）________，时间（min）________，坩埚蒸发表面积（cm^2）________。焊锡重量（g）________，成分（%）________，Pb ________，Sn ________，坩埚重量________，冷凝物重量________，残余合金重量________，物料平衡误差________，误差百分数（%）________。

将结果填入表4-1。

表4-1　实验记录表格

时间/min	电流/A	电流/V	温度/℃	残压/Pa	操作内容

4.7 实验数据处理与报告编写

4.7.1 数据处理

（1）铅挥发率的计算：

$$铅挥发率=\frac{冷凝物重量(g)\times冷凝物中铅的百分含量(\%)}{焊锡重量(g)\times焊锡中铅的百分含量(\%)}\times100\% \quad (4-2)$$

（2）铅蒸馏速率计算：

$$铅蒸馏速率=\frac{冷凝物重量(g)\times冷凝物中铅的百分含量(\%)}{恒温时间(s)\times蒸表面积(cm^2)}\times\left(\frac{g}{cm^2}\cdot s\right) \quad (4-3)$$

当冷凝物未进行化学分析时，可假定冷凝为纯金属铅进行以上两项计算。

4.7.2 编写报告

实验报告内容应包括实验名称、日期、目的，基本原理简述，实验记录，数据处理，对实验结果的分析讨论。

4.8 思考题

（1）若铅锡合金中含有铋，真空蒸馏铅锡合金时，其行为如何？

（2）计算铅挥发率与铅蒸发速率时，假设冷凝物为纯铅进行计算，存在什么问题？

（3）真空度降低对蒸馏过程有何影响？

实验5　熔盐电解质初晶温度的测定实验

5.1　实验目的

（1）掌握初晶温度的测定方法。

（2）了解添加物对降低熔盐电解质初晶温度的影响。

5.2　实验原理

纯盐同其他纯晶体物质一样具有固定的熔点。纯盐加热熔化后缓慢冷却，此时绘制温度与时间关系曲线（即冷却曲线），曲线上出现水平段。混合熔盐凝固时没有固定的熔点，从开始结晶到凝固终了，温度逐渐下降。混合熔盐在缓慢冷却过程中若无相变，冷却曲线为连续平滑线段；当发生相变析出共晶体时，冷却曲线上则相应出现水平段。由若干条组成不同的系统的冷却曲线就可以绘制出相图。对于大多数实际用途来说，只要测定熔体开始析出固态晶体时的凝固点（初晶点）温度就已经足够了。本实验采用步冷曲线法测量熔体的初晶温度。

熔盐（若不溶解金属）为透明液体，可以用目测-变温法观测其初晶温度。熔盐在缓慢冷却过程中开始出现初晶体时，由原来的清晰透明状态变为浑浊状态，这时的温度即为初晶温度。目测-变温法也是测量熔盐初晶温度的基本方法之一。

5.3　实验仪器与耗材

（1）实验仪器：熔盐综合测试仪。

熔盐综合测试仪是一台可测量多个熔盐物化性质的综合测试设备，该设备主要由高温炉及精密运动控制系统、计算机数据采集与处理系统、炉上实验测试系统组成。其中，数据采集系统可采集热电偶温度信号，精度为16位，可以满足精确测量的要求。系统具有热电偶冷端自动补偿功能，测量时用补偿导线将热电偶连接到信号调理装置即可。

本实验使用熔盐综合测试仪的初晶温度测试系统（图 5-1），该系统包括可升降式高温炉、测温用 S 形热电偶、热电偶信号采集转换模块、计算机测控系统。

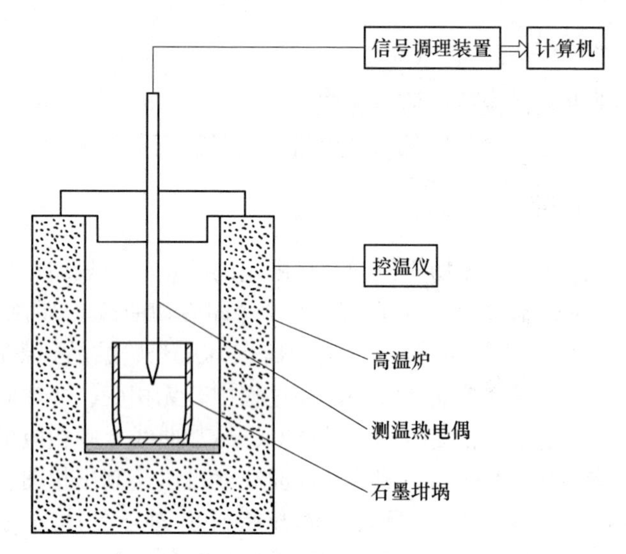

图 5-1　熔盐初晶温度测试系统

（2）实验耗材：待测熔盐、石墨坩埚。

5.4　实验步骤

（1）按要求称取 120g 试样，装入石墨坩埚，放入高温炉内。

（2）电炉通电升温。

（3）当熔盐熔化后，将测温热电偶插入熔体中，插入深度约为 1cm。

（4）控制电炉缓慢降温。

（5）启动测量软件，此时计算机开始实时显示降温曲线。

（6）设置向记录文件中写数据的间隔时间，点击“记录开始”按钮，计算机开始记录文件中写数据。

（7）注意观察曲线，当出现拐点时，应再记录一段时间，确定出现拐点后结束测试。

（8）控制电炉升温，使熔体重新熔化，取出热电偶。

（9）软件停止运行。

5.5 注意事项

（1）必须准确称取试样重量。

（2）插入热电偶时应注意不使热电偶的工作端接触石墨坩埚侧壁和底部。

（3）降温速度不宜过快，可控制在每分钟3℃左右。

（4）铁模具必须预先烘干。

（5）注意用电安全，并防止高温烫伤。

5.6 实验记录

本实验采用自动记录仪直接绘制冷却曲线。

5.7 实验数据处理与报告编写

（1）数据处理。采用“对消电势自动记录降温曲线”测定结晶温度，因此计算实际的温度应包括长图记录仪上结晶时对应的热电势值，用直流电位差计测量的“对消电势”值，再加上热电偶的修正值与热电偶冷端温度补偿值。

$$E_{总} = E_{对} + E_{读} + (E_{外} + E_{修}) \tag{5-1}$$

式中 $E_{总}$——总电势，V；

$E_{对}$——对消电势，V；

$E_{读}$——热电势，V；

$E_{外}$——热电偶冷端温度补偿值，V；

$E_{修}$——热电偶修正值，V。

（2）数据记录文件用Excel打开。

（3）利用Excel绘制温度-时间散点图，绘制添加物与熔融电解质初晶温度的关系曲线。

（4）确定曲线上的第一个转折点为初晶点。

(5) 绘出初晶点温度数据。

(6) 编写报告。实验报告内容应包括实验名称、日期、目的，基本原理简述，实验仪器和药剂，测温技术条件，实验步骤，实验记录，数据处理，实验结果，分析讨论。

5.8 思考题

(1) 添加物为什么能降低熔盐电解质的初晶温度？

(2) 混合熔盐凝固时，为什么没有固定的熔点？

实验 6　熔盐电解质密度的测定实验

6.1　实验目的

（1）掌握熔盐密度的测定方法。

（2）了解添加物对改变熔盐电解质密度的影响。

6.2　实验原理

测定熔盐密度的依据是阿基米德原理，即浸入液体中的重物，其所受的浮力等于该重物排开的同体积液体的重量。将特制的重锤用细丝悬挂在天平上，测出其未浸入熔体前的质量 W_1 和浸入熔体后的质量 W_2。重锤在熔体中所受到的浮力为 $d_t = W_1 - W_2$，则熔体的密度为：

$$\rho_t = \frac{W_1 - W_2}{V_t} \tag{6-1}$$

式中　ρ_t——温度为 t 时熔体的密度，g/cm³；

W_1——吊锤在空气中的重量，g；

W_2——吊锤在熔盐中的重量，g；

V_t——温度为 t 时的吊锤体积。

式（6-1）中吊锤的体积 V_t 需要预先确定。V_t 是随温度变化的，需要测出吊锤的膨胀系数，然后按式（6-2）计算：

$$V_t = V_{t_0}(1+\beta t) \tag{6-2}$$

式中　β——吊锤的膨胀系数；

V_t——吊锤在 t 温度下的体积，cm³；

V_{t_0}——吊锤在 t_0 温度下的体积，cm³；

t——测定熔体密度时的温度，℃。

吊锤膨胀系数 β 的测定方法如下：

（1）用纯水标定吊锤在室温下的体积。在空气中称得吊锤的重

量为 W_1；在已知密度 ρ_{t_0} 的纯水中称得吊锤重量 W_3，则在 t_0 时的吊锤体积 V_{t_0} 由式（6-3）计算：

$$V_{t_0} = \frac{W_1 - W_3}{\rho_{t_0}} \tag{6-3}$$

（2）用已知密度的标准熔盐标定吊锤在高温下的体积。在空气中称得吊锤的重量为 W_1；在温度 t' 下将吊锤浸入密度为 $\rho_{t'}$ 的标准熔盐中，称得重量 W_4；则在温度 t' 时的吊锤体积 $V_{t'}$ 由式（6-4）计算：

$$V_{t'} = \frac{W_1 - W_4}{\rho_{t'}} \tag{6-4}$$

式中 $\rho_{t'}$——在测定温度 t' 下熔体的密度，g/cm^3；

W_1——吊锤在空气中的重量，g；

W_4——吊锤在熔盐中的重量，g。

（3）吊锤的膨胀系数按式（6-5）求得：

$$\beta = \frac{V_{t'} - V_{t_0}}{t' V_{t_0}} \tag{6-5}$$

因为这种方法是将重锤直接浸入待测熔体中进行测定的，所以又称直接阿基米德法。

6.3 实验装置和材料

使用熔盐综合测试仪的密度测量系统进行实验，该系统主要包括：

（1）天平。

（2）可上下移动并精确定位的高温炉。

（3）计算机测量与控制系统。

重锤和细丝选用钼材质。由于熔体有比较强的腐蚀性，盛装熔体的容器选用高纯刚玉。天平与炉子之间有良好的热屏蔽，以避免热辐射和热对流对天平的干扰。天平上得到的数据信号通过计算机上的采集卡（M6221 型）传入计算机，在计算机显示器上显示。控制炉子的升降可以实现重锤的离开或浸入熔体。整个系统处于保护气体中，避免了空气对体系带来的影响。实验装置如图 6-1 所示。

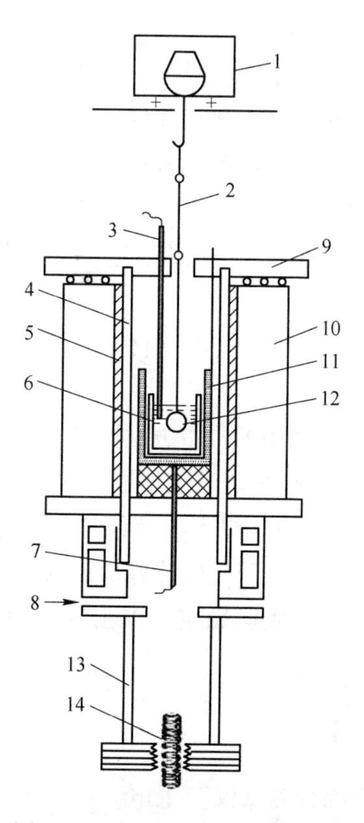

图6-1　测定熔盐密度实验装置

1—电子天平；2—铂丝；3，7—热电偶；4—刚玉管；5—加热体；6—铂坩埚；8—氩气入口；9—冷却水套；10—炉体；11—不锈钢坩埚；12—铂球；13—滑动钢管；14—螺旋升降器

实验材料：钼吊锤1只，石墨坩埚或刚玉坩埚1只。

6.4　实验步骤

6.4.1　密度测定实验步骤

（1）按要求进行配料计算。

（2）用天平称取试样。

（3）将配好的电解质搅拌均匀，放入石墨坩埚中，然后放入加热炉内。

（4）测试温度控制在熔体初晶点以上70℃。

（5）启动计算机熔盐密度测试软件。

（6）了解吊锤在空气中的称重方法：

1）电子天平上电，清零。

2）将吊锤挂在电子天平下部指定部位，软件实时显示天平数据。

3）当天平读数稳定时，点击软件界面上的“确认”按钮锁定数据。

（7）了解吊锤在液体中的称重方法：

1）控制电炉位置，使吊锤悬于坩埚上部。

2）点击软件界面上的“浸入”按钮，计算机将自动控制电炉移动，使吊锤浸入熔体，浸入深度由计算机控制。

3）吊锤浸入后，待数据稳定，点击软件界面上的相应的“确认”按钮锁定数据。

6.4.2 设备操作说明

（1）“熔盐物性综合测试仪”上电。

（2）合上控制柜内的开关。

（3）按下“伺服启动/停止”按钮，使伺服控制系统处于工作状态。

（4）按下“原点回归”按钮，此时天平台将自动向上移动，确定“零点”，此点作为天平台的基准点，天平台位置即天平台相对此点的距离。

（5）“原点回归”按钮为带自锁按钮，按下即锁定，松开时不回位，再按一下才弹开。

（6）确定“零点”的过程中如果按“原点回归”按钮，则“原点回归”按钮弹开，原点回归过程暂停；再次按下按钮可恢复。

（7）确定“零点”后，请松开“原点回归”按钮，此时按“天平台升”或“天平台降”按钮，可控制天平台升降。

6.4.3 软件的使用方法

（1）打开计算机桌面上的“熔盐物性综合测试仪—熔盐密度测试”文件夹，找到熔盐密度测试测试文件，双击运行。

（2）软件界面的左边是“天平台运动控制器”，在本项测量中主要用于调整钼吊锤位置。

（3）软件界面中上部是天平数据显示窗口。

（4）天平数据显示窗口的左面是钼吊锤浸入熔体的控制板，在此输入浸入深度，电极“浸入”按钮时，由计算机控制钼吊锤向熔体中浸入，至设定深度自动停止。

（5）浸入控制板的下面是选择板，在此选择标定吊锤体积和测量熔盐密度。

（6）天平数据显示窗口的下面是三个操作板：钼吊锤质量测量板、标定操作板和密度测量操作板，每个操作板上都有一个“确定数据”按钮，用于确定相应操作下的实验数据。

6.5 注意事项

（1）必须准确地称取试样重量。

（2）当温度控制器的指示灯为红灯亮时，即此时电炉电流为零，方可按下“降温”按钮。

（3）按下记录仪启动按钮后，若发现记录指针偏向最大位置不动，即表明炉温太高，此时可停止记录仪工作。

（4）记录降温曲线前应把对消的电势调整好。

（5）注意用电安全，并防止高温烫伤。

6.6 实验数据处理

实验结果记入表6-1。

表 6-1 实验记录表

天平称重值/g	W_1	W_2	V_t	ρ_t

纯熔盐的密度见表 6-2。

表 6-2 纯熔盐的密度

盐 类	温度/℃	密度/g · cm^{-3}
LiCl	600	1. 501
NaCl	850	1. 507

6. 7 思考题

(1) 添加氧化物为什么能降低熔盐电解质密度？

(2) 影响熔盐电解质密度的主要因素有哪些？

实验 7　熔盐电解质电导率的测定实验

7.1　实验目的

（1）掌握熔盐电导率的测定方法。

（2）了解添加物对改变熔盐电解质电导率的影响。

7.2　实验原理

熔盐电导率是电解质的一项重要的性质。在理论研究方面，通过对冶金熔体电导率的测量，研究它们的导电机理，再结合其他性质的研究，可深入探讨冶金熔体的微观结构。从应用的观点看，用熔盐电解法生产金属时，要想制定出合理的电解工艺，必须知道熔盐的电导率数据。电解过程中有相当可观的能量是消耗在电解质本身的电阻损耗上，因此若能减小电阻损耗，则可以提高电功效率、节省电能、降低成本，而使用电导率大的电解质可以减小电阻损耗。

7.2.1　电导率的测量原理

当一稳恒电流通过导体时，其电流与加在此导体间的电压成正比：

$$I = Gv \tag{7-1}$$

式中，比例常数 G 与导体的性质、几何尺寸和温度有关，称作导体的电导，单位为西门子，记作 S。导体的电导正比于其截面积 A，反比于长度 L，即：

$$G = \kappa \frac{A}{L} \tag{7-2}$$

比例常数 κ 称为电导率，其单位是 S/cm，它是电阻率的倒数：

$$\kappa = G \frac{1}{R} \cdot \frac{L}{A} \tag{7-3}$$

测定电导率的问题包括两个方面：一是测电阻 R，二是测量长度 L 和截面积 A 的比值。对于固体物质，可整修试样使截面积均匀，测量长度和计算截面积得到电导池常数。一般只要测出它的电阻或电导，就可以根据式（7-3）求得它的电导率。

在测定熔盐或水溶液电导率时，测量电路的总阻抗 Z 可用式（7-4）表示：

$$Z = R_m + X_L + X_C \tag{7-4}$$

式中 R_m——测量线路中实际电阻；

X_L——阻抗中的电感部分；

X_C——阻抗中的电容部分。

如果当电导池常数发生变化时，电路阻抗中的实际电阻部分只有熔盐电阻是变化的，则电路中的总电阻的变化与电导池常数的变化呈线性关系，线性系数是关于熔盐电导率的一个常数。如果电导池常数的变化是由电导池长度的变化所引起，可以得到公式：

$$\kappa = 1/\left[A\left(\frac{dR_m}{dL}\right)\right] \tag{7-5}$$

式中 κ——熔盐电导率；

A——电导池内部截面积；

$\frac{dR_m}{dL}$——电路总电阻相对于电导池长度变化的斜率。

在实际应用中，式（7-5）中的 A 值需要通过测定分析一定温度下标准熔盐或水溶液的 dR_m/dL 值来标定，再通过测量待测电导池中不同位置的电阻值来求得未知熔盐的电导率。

7.2.2 电导池导电面积 A 的标定

首先按 7.2.1 所述的方法原理，用 800℃ 的 KCl 熔液对所用电导池的面积 A 进行标定，所得 KCl 熔液的电路总电阻相对于电导池长度的变化曲线如图 7-1 所示。

已知，800℃ 时的 KCl 的电导率为 2.25Ω/cm，由图 7-1 可得 $dR_m/dL = 2.53545$，因此由式（7-5）可求所用电导池面积 $A = 0.2032cm^2$。

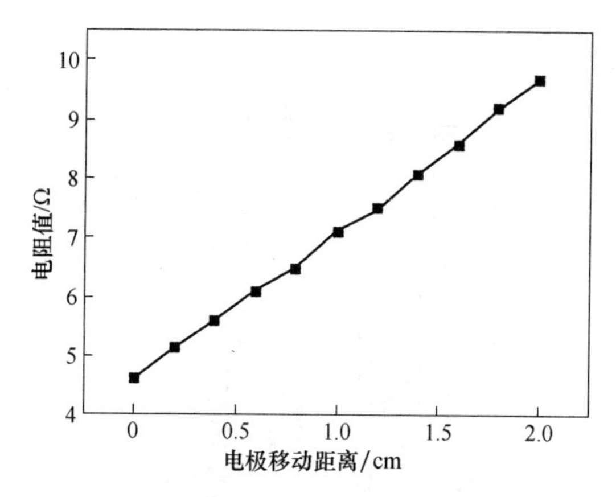

图 7-1　800℃，施加频率为 100kHz 时，KCl 熔液的电路总电阻相对于电导池长度的变化曲线

7.3　实验装置和材料

使用熔盐综合测试仪的电导率测量系统进行实验，该系统主要包括：

（1）可上下移动并精确定位的高温炉。

（2）采用自动平衡电桥——“LCR 测试仪”测量电导池电阻。

（3）计算机测量与控制系统。

测量在电阻炉中进行，实验采用两电极体系，工作电极为一根位置固定的铂丝，对电极为连有导电杆的石墨坩埚，热解 BN 管作为毛细管，采用 Pt-PtRh10 型热电偶进行测温，实验过程中炉膛内通入氩气防止石墨坩埚被氧化；炉体通过自动升降装置可以精确地上下移动，从而与铂丝的相对位置发生变化，以改变毛细管电导池的长度。

电导率测定所用装置如图 7-2 所示。

7.4　实验步骤

7.4.1　软件界面介绍

如图 7-3 所示，界面的左边是“电炉运动控制器”，在本项测量中主要用于调整电炉位置。测试前应通过点击其控制板上的控制按

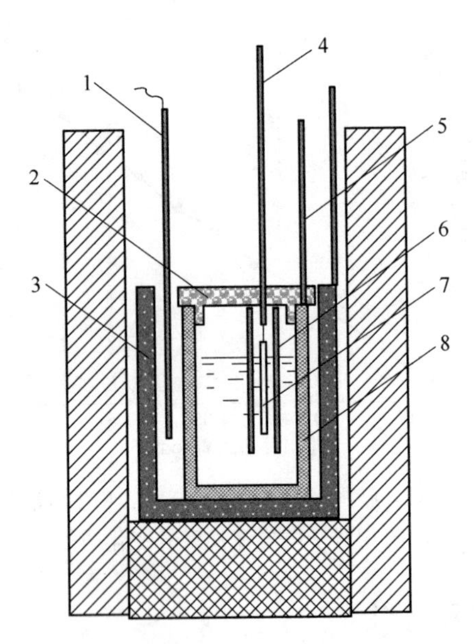

图 7-2　熔盐电导率测定电导池系统装置

1—热电偶；2—热压 BN 盖；3—不锈钢坩埚；4—不锈钢导杆；
5—不锈钢棒；6—热解 BN 管；7—铂电极；8—石墨坩埚

钮，将电炉调整到适当位置，使热电偶浸入熔体约 10mm。

界面中上部是“操作选择”板和测量显示窗口。在“操作选择”板，选择操作性质：标定电导池或测量电导率。在测量显示窗口显示 LCR 测试仪的测量数据。

界面中间是测量控制板，在此处设置电极移动距离，控制测量过程。

界面右边是测量结果显示窗口，显示标定的电导池截面积和测量的熔体电导率；界面的下部给出的测量条件供测试时参考。

7.4.2　使用前注意事项

（1）“熔盐综合测试仪”上电。

（2）合上控制柜内的电炉升降控制单元开关，使伺服控制系统处于工作状态。

（3）顺序按下控制柜前面板上的“伺服准备”和“原点回归”

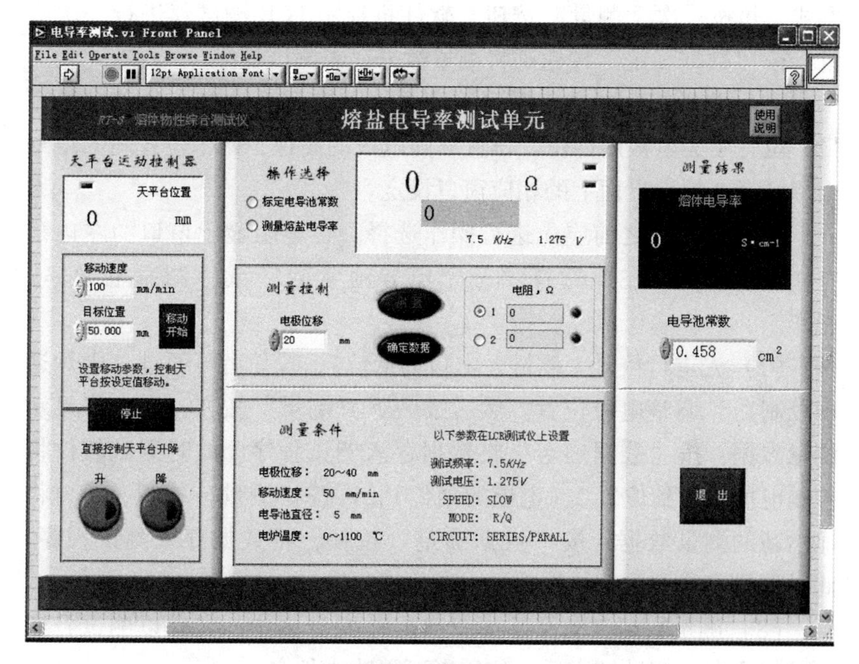

图 7-3　熔盐电导率测试软件界面

按钮，此时电炉将自动向下移动，寻找“零点”，此点作为电炉的基准点，电炉位置即电炉相对此点的距离。（注：找到“零点”后，电炉将自动升起 30mm。）

（4）在升降式高温炉确定“零点”后，可以启动软件，打开计算机 D 盘上的“综合测试仪”文件夹，找到“电导率测试”文件，双击启动，按界面上方的单箭头按钮运行。

7.4.3　熔盐电导率测定实验步骤

（1）安装 BN 毛细管，连接测试电路。

（2）按下 LCR 测试仪电源开关，设置测试参数（测试频率、测试电压、测量模式等）。

（3）启动 LCR 测试仪，做好开路清零和短路清零。

（4）启动测试软件，开始测量过程；测量熔盐电导率采用间断方式，每按一次“测量”按钮，软件将控制 LCR 测试仪进行一次测量，按“数据确定”按钮则将测量数据存入测试程序。

（5）测量熔盐电导率需要移动电极，在两个位置上分别进行测量，位置 1 为电极的低位，位置 2 为电极的高位，两个位置间的距离由测试者在软件界面上的相应窗口设定。

（6）在测量之前应先进行操作选择。在电阻显示窗口的左边是操作选择板，可在此选择“标定电导池常数”或“测量电导率”操作。

（7）先进行位置 1 测量（电极的低位），操作者可通过“电炉运动控制器”调整电极位置。然后按一下“测量”按钮，窗口将显示测量数据，按“数据确定”将数据存入测试程序。此时测试软件将控制电极移动到位置 2（电极的高位），再按“测量”按钮，窗口将显示新的测量数据，按“数据确定”按钮，将数据存入测试程序。此时测量完成，测试结果将显示在相应的窗口中。

（8）测量数据自动保存在“数据”文件夹中，文件以测试日期和时间命名。测试结束后，使用者可更改文件名。

7.5 注意事项

（1）请在升降式高温炉确定“零点”后启动软件。

（2）电炉的上限位为 300mm，设置目标位置时不要超过这个值，大于上限位的设置系统以 300mm 代替。

（3）电炉运动的下限位为 30mm，设置目标位置时不要低于这个值，低于下限位的设置系统以 30mm 代替。

（4）电炉运动的最高速度限定为 100mm/min，设置移动速度时不要超过这个设定；超过时，系统将以默认值 100mm/min 代替。

（5）测量时，电极初始和移动距离应在设备说明书中“电导率测试条件”规定的范围内调整和设置。

7.6 实验数据处理

实验结果记入表 7-1。

表 7-1 实验记录

No.	温度/℃	电导池面积/cm^2	熔盐成分	位置 1 测量数据	位置 2 测量数据	结果值
1						
2						
3						

7.7 思考题

(1) 添加氧化物为什么能降低熔盐电解质的电导率?

(2) 影响熔盐电解质电导率的主要因素有哪些?

实验8　方铅矿的三氯化铁浸出实验

8.1　实验目的

（1）掌握三氯化铁浸出方铅矿及回收元素硫的基本原理与工艺。

（2）掌握三氯化铁浸出方铅矿及元素硫回收的实验设备与操作。

（3）认识三氯化铁的化学性质。

8.2　实验原理

炼铅主要原料是硫化铅精矿，硫化铅精矿的矿物形态是方铅矿。目前，世界上铅的生产方法几乎全是火法工艺。但火法炼铅污染严重，冶金学者越来越重视无污染的铅冶炼方法的研究。近20多年来，国内外对三氯化铁、氯化高铜及硫酸高铁浸出方铅矿并回收元素硫的工艺开展了大量的试验研究工作。

用三氯化铁的饱和食盐溶液浸出硫化铅精矿时，铅的浸出率可达98%~99%，锌浸出率达80%~87%，银浸出率达81%~88%。

三氯化铁饱和食盐溶液浸出方铅矿时，金属硫化物中的硫被转化为元素硫进入浸出渣；金属则与三氯化铁中的氯结合生成相应的金属氯化物进入浸出液。铅的氯化物能溶解在碱金属或碱土金属氯化物溶液中，因此浸出时必须加入氯化钠作助溶剂。

用三氯化铁浸出方铅矿时的主要反应为：

$$PbS+2FeCl_3 = PbCl_2+2FeCl_2+S \tag{8-1}$$

浸出时，进入浸出液的金属氯化物主要有$PbCl_2$、$ZnCl_2$、$CuCl_2$，其次还有少量的稀、贵金属氯化物，如AgCl、$InCl_2$等。此种含$PbCl_2$的溶液很不稳定，当温度降到室温时，约82%的$PbCl_2$会结晶析出。为了使$PbCl_2$溶液与浸出渣能很好地分离，就必须保温过滤，在降温结晶前分离出$PbCl_2$滤液。

由于$PbCl_2$不能直接溶于硅氟酸中生成硅氟酸铅，为了获得致密的金属铅，就必须使 $PbCl_2$ 转化成为能溶于硅氟酸的铅盐，如碱式氯化铅或碳酸铅；然后再制备成硅氟酸铅并电积产出致密的纯金属铅。也有用铁屑直接从 $PbCl_2$ 溶液中置换出海锦铅的，或用铁（或石墨）作阳极直接电积产出铅的方法；也有使 $PbCl_2$ 结晶析出然后在熔盐电解槽产出金属铅；也可使 $PbCl_2$ 生成碱式氯化铅（$Pb(OH)Cl$），沉淀后进行还原熔炼产出金属铅。

为防止三氯化铁被水解，方铅矿浸出时需加入一定量的盐酸。浸出产生的 $FeCl_2$ 必须再生循环使用。

硫化铅精矿含硫一般为30%左右。浸出过程中，约95%硫转变成元素硫进入浸出渣中。因此，回收浸出渣中的元素硫，对资源综合利用和环境保护都具有十分重要的意义。用四氯乙烯萃取浸出渣中的元素硫，可产出光谱纯元素硫，但成本高，也可用硫化铵回收元素硫，此过程的反应式为：

$$(NH_4)_2S+xS \longrightarrow (NH_4)_2S_{x+1} \qquad (8-2)$$

上述反应可在室温下进行，然后在95℃下按式（8-3）析出元素硫：

$$(NH_4)_2S_{x+1} \longrightarrow 2NH_3+H_2S+xS \qquad (8-3)$$

NH_3 和 H_2S 可回收重新产出（$(NH_4)_2S$）返回使用。

用选矿方法也可回收元素硫，或将浸出渣送化肥厂与硫铁矿共同熔烧制取硫酸。

浸出液中的铟、镉、锌、铜等有价金属也应综合回收利用。

8.3　实验仪器与试剂

（1）实验仪器：万用电炉，天平，烘箱，真空泵，烧杯，布氏漏斗，过滤瓶，表面皿，容量瓶，水银温度计，恒温磁力搅拌器，量筒等。

（2）实验试剂：

浮选硫化铅精矿：含 Pb ________%；S ________%；粒度：-200目________%。

三氯化铁（工业纯或化学纯）、盐酸、食盐、四氯乙烯或硫化铵（均为化学纯试剂）。

8.4 实验步骤

（1）按反应式（8-1）计算三氯化铁的理论需要量。

（2）在下列技术条件范围内拟定设计浸出的技术条件：

温度：80℃～沸腾温度；液：固=（6～8）：1；浸出时间：1～2h；粒度：-200目________%；三氯化铁过量：10%～20%；精矿重量：40～50g；盐酸用量：10～20mL，保证三氯化铁不发生水解为准；食盐溶液：常温饱和溶液。

（3）配制三氯化铁浸出液。称取所需要的三氯化铁重量置于500mL烧杯中，按烧杯预定的液固比加入水及少量盐酸在80℃温度下使其溶解，溶解后需加入饱和食盐水。

（4）称取所要的精矿量，缓缓加入烧杯中，将烧杯置于恒温磁力搅拌器上，开始记录浸出数据。

（5）在浸出期间，需保持恒定的浸出液面及浸出温度。

（6）当浸出作业到达所预定的时间后，停止浸出。

（7）在抽滤装置上进行保温过滤，浸出渣用热饱和食盐水洗涤两次。

（8）将浸出液小心地转入容量瓶中并稀释到刻度，摇匀后趁热取样分析浸出液的含铅量。

（9）将浸出渣转入烧杯中，加入四氯乙烯在90℃下萃取元素硫；然后趁热过滤，滤液冷却后析出元素硫，收集元素硫并称重。

（10）将浸出渣移入表面皿中，在100℃下烘干后称重。

8.5 注意事项

（1）由于三氯化铁的浓度不同及各地大气压不同，浸出液的沸点会有所差异。

（2）浸出液取样分析时，溶液内不能有 $PbCl_2$ 晶体析出。

（3）可不分析浸出液含铅，而采取分析浸出渣含铅量的方法计算铅浸出率。

（4）浸出液及元素硫的萃取都应趁热过滤。

（5）三氯化铁浸出液可事先配制好并给出 Fe^{3+}、Fe^{2+}、$Fe_{总}$ 的含量（g/L）。

（6）浸出液或浸出渣的化学分析可用EDTA法。

8.6　实验记录

技术条件：温度______℃；时间______h；液：固=______；粒度<200目______%；三氯化铁浸出液______g/L；Fe^{3+}______g/L；Fe^{2+}______g/L；盐酸用量______mL；浸出液体积______L；浸出液含Pb______g/L；浸出渣总重量______g；浸出渣含Pb______%；元素硫重量______g；三氯化铁过量______%。

实验结果记入表8-1。

表8-1　实验记录

时间/min	温度/℃	浸出液液面	操作内容	现象观察

8.7　实验数据处理与报告编写

8.7.1　数据处理

（1）铅的浸出率：

$$\text{铅浸出率}=\frac{\text{浸出液中总铅量（g）}}{\text{精矿中总铅量（g）}}\times 100\%$$

（2）元素硫回收率：

$$\text{元素硫回收率}=\frac{\text{元素硫总量（g）}}{\text{精矿中总硫量（g）}}\times 100\%$$

（3）浸出渣产率：

$$\text{浸出渣产率}=\frac{\text{干渣总重量（g）}}{\text{精矿总重量（g）}}\times 100\%$$

8.7.2 编写报告

实验报告内容应包括实验名称、日期、目的，基本原理简述，实验仪器和药剂，浸出技术条件，实验步骤，实验记录，数据处理，实验结果，分析讨论。

8.8 思考题

(1) 浸出液与浸出渣的液固分离为什么要趁热过滤?

(2) 用四氯乙烯萃取元素硫为什么要加热，为什么仍未用于工业生产中?

实验 9　锌焙砂的浸出过程实验

9.1　实验目的

（1）掌握锌焙砂浸出过程的基本原理。

（2）学会运用 φ-pH 图控制浸出过程的工艺条件。

9.2　原理

硫化锌精矿经氧化焙烧后，所得锌焙砂的主要成分为氧化锌，此外还有少量 CuO、NiO、CoO、CdO、As_2O_3、Sb_2O_3、FeO 等。锌焙砂使用硫酸水溶液（或废电解液）进行浸出，其反应为：

$$ZnO+H_2SO_4 = ZnSO_4+H_2O \tag{9-1}$$

浸出的目的是尽可能完全和迅速地把锌焙砂中的锌转入溶液，同时使其与杂质分离。实际上很容易使锌转入溶液。问题在于锌浸出的同时相当数量的杂质（铜、镉、钴、铁、砷、锑等）也转入溶液中。

工业上浸出分为中性浸出和酸性浸出。中性浸出是除把锌浸出之外，还要保证浸出液的质量。即承担着中和水解净化除去铁、砷、锑的任务。矿浆的 pH 值控制在 5～5.2。酸性浸出除考虑杂质少溶解外，还必须使锌更多地溶解出来，以此提高焙砂中锌的浸出率。终点酸度一般控制在 1～5g/L H_2SO_4。由于锌焙砂中部分锌以铁酸锌 $ZnFe_2O_4$ 的形态存在，在上述两种浸出条件下是不溶解的，而是与其他不溶杂质一道进入渣中，所以渣中含锌仍在 20%左右。这种浸出渣常用烟化挥发的火法处理，然后以氧化锌粉的形态进一步湿法处理。近年来，在工业上已用热酸浸出来代替酸性浸出，浸出液用湿法分离锌铁，使流程大为简化。

杂质离子与锌分离最简便的方法是中和沉淀。其原理可用 φ-pH 图（图 9-1）来分析：为了保证浸出液中的 $ZnSO_4$ 不发生水解沉淀，浸出过程必须在 pH 值小于 6.04 的 Zn^{2+} 稳定区（1、2 线所划出的

Zn^{2+}区）内进行；Cu^{2+}平衡的 pH 值稍小。当 Cu^{2+}活度很小时，如 $a_{Cu}^{2+}=10^{-3}$ 时，pH = 6.1；Fe^{2+}、Cd^{2+}、Co^{2+}、Ni^{2+}平衡的 pH 值分别为 8.37、8.54、8.15、8.125，即 Fe^{2+}、Cd^{2+}、Co^{2+}、Ni 的水解 pH 值均在 8 以上。故要保证 Zn 尽可能多地进入溶液，就不能用水解沉淀法将它们除去。Fe^{3+}的水解 pH 值比 Fe^{2+}要低得多，故可用中和水解沉淀将 Fe^{3+}有效地除去。为了净化除铁，必须使 Fe^{2+}氧化成 Fe^{3+}。

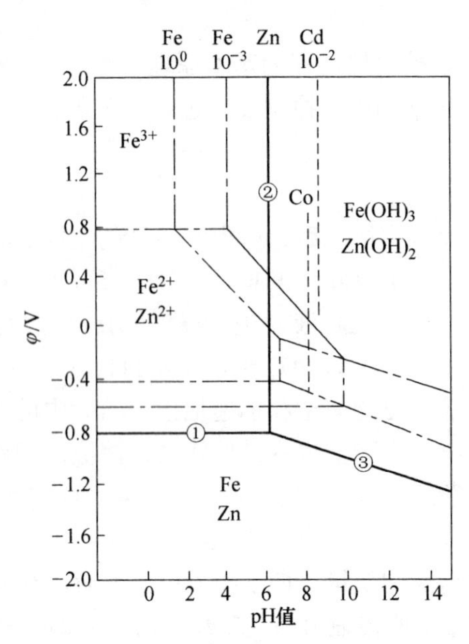

图 9-1　锌焙砂中性浸出的原理

9.3　设备及实验装置

（1）设备：磁力加热搅拌器 1 台、酸度计 pH-S-2 型 1 台、数字电压表 1 只、浸出槽 1 套。

（2）实验装置连接如图 9-2 所示。

9.4　实验步骤

（1）配制含 H_2SO_4 110g/L 的溶液 320mL，加入浸出容器中，插入数字电压表和酸度计的测量电极，并对溶液进行加热。称取锌焙

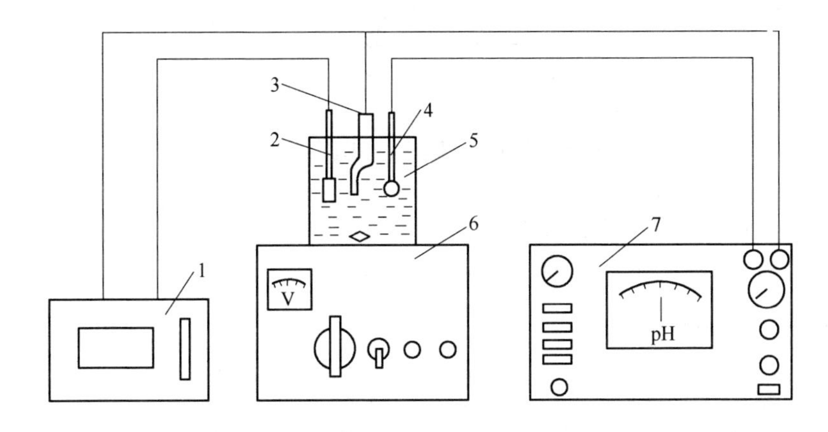

图 9-2　锌焙砂浸出过程实验装置

1—数字电压表；2—铂电板；3—甘汞电极；4—玻璃电极；
5—玻璃测试杯；6—磁力加热搅拌器；7—酸度计

砂 40g。

（2）浸出。当溶液温度升到 60~70℃时，开动搅拌器，控制适当转速，缓慢加入焙砂，浸出即开始，维持 30min。测量并记录 φ-pH 变化。

（3）中和。浸出 30min 后，加入过氧化氢 5mL，搅拌 5~10min，并测量记录 φ-pH 变化，随后缓慢加入 1∶1 氨水中和，同时测量 φ-pH 变化。pH=5.2~5.4 时，停止搅拌，静置 10min，并注意观察沉渣及颗粒长大情况。

（4）过滤。矿浆经澄清后，用瓷漏斗真空抽滤，滤渣水洗 2~3 次，滤渣弃去，滤液用量筒量取体积并记录，留待分析。

（5）浸出液含 Zn 量的测定。用移液管取浸出液 1mL 于 250mL 烧杯中，加蒸馏水 20mL，加 0.1%甲基橙 1 滴，加 1∶1 HCl 中和至甲基橙变红色；加 1∶1 氨水 2~3 滴，使其变黄；加入醋酸-醋酸钠缓冲液 10mL，加入 10%的硫代硫酸钠溶液 2~3mL 混匀；加 0.5%二甲酚橙指示剂 2 滴，用 EDTA 标准溶液滴定至溶液由酒红色至黄亮色为终点。

浸出液含锌计算：

$$G = VT\frac{W}{X} \tag{9-2}$$

式中 G——浸出液含 Zn 总量，g；

V——滴定消耗的 EDTA 体积，mL；

T——滴定度，g/mL；

W——浸出液总体积，mL；

X——取来分析的浸出液的毫升数。

9.5 实验记录

焙砂重量（g）：________；焙砂含 Zn（%）：________；

浸出液体积（mL）：________；浸出液含 Zn 总量（g）：________。

实验结果记入表 9-1。

表 9-1 实验记录

时间	操作步骤	温度/℃	φ	pH	现象

9.6 数据处理和报告编写

（1）浸出率计算：

$$浸出率 = \frac{浸出液中总含 Zn 量}{焙砂中总含 Zn 量} \times 100\%$$

$$焙砂中总含 Zn 量 = 焙砂质量 \times 焙砂含 Zn\%$$

（2）简述实验操作，评述浸出结果和在实验过程中如何运用 φ-pH 图控制工艺条件。

9.7 思考题

应采取哪些措施强化浸出过程，提高锌的浸出率，同时可使杂质尽可能少转入溶液。

实验 10　铝土矿的高压溶出实验

10.1　实验目的

（1）通过铝土矿的高压溶出实验，掌握铝土矿高压溶出的基本原理，熟悉高压釜的构造及使用方法。

（2）加深对铝土矿高压溶出基本概念的理解，如铝硅比、原矿浆、循环母液、液固比、矿浆浓度、苛性比、钠硅渣、表压等。

（3）掌握实验室高压溶出的基本操作。

10.2　实验原理

铝土矿中的氧化铝主要以水合物的形式存在，根据矿物形态不同可分为一水软铝石、一水硬铝石和三水铝石。当用 NaOH 溶液溶出时，矿石中的 Al_2O_3 水合物与碱反应形成铝酸钠溶液，其化学反应为：

$$Al_2O_3 \cdot (1\text{ 或 }3)H_2O + NaOH + aq \longrightarrow NaAl(OH)_4 + aq \qquad (10-1)$$

铝土矿中除氧化铝外，还含有其他脉石成分，如氧化硅、氧化钛、氧化铁和碳酸盐等。在溶出过程中，矿石中的杂质与碱作用发生下述反应。

10.2.1　含硅矿物

铝土矿中的含硅矿物一般是以蛋白石（$SiO_2 \cdot nH_2O$）、石英（SiO_2）和高岭石（$Al_2O_3 \cdot 2SiO_2 \cdot 2H_2O$）等形式存在，高岭石活性较大，在 95℃左右与碱发生反应，其化学反应为：

$$Al_2O_3 \cdot 2SiO_2 \cdot 2H_2O + 6NaOH + aq \longrightarrow 2NaAl(OH)_4 + 2Na_2SiO_3 + aq \qquad (10-2)$$

在较高的溶出温度下，矿石中各种形态的 SiO_2 都与碱发生反应，反应产物 Na_2SiO_3 进一步与 $NaAl(OH)_4$ 发生如下的脱硅反应，其化学反应为：

$$xNa_2SiO_3+2NaAl(OH)_4+aq \longrightarrow$$
$$Na_2O \cdot Al_2O_3 \cdot xSiO_2 \cdot nH_2O+2xNaOH+aq \qquad (10-3)$$

脱硅反应生成的水合铝硅酸钠在溶液中形成沉淀，即钠硅渣，造成 Al_2O_3 与 Na_2O 的化学损失。

在溶出过程中，上述反应生成的水合铝硅酸钠在溶液中溶解度很小，基本进入赤泥。

10.2.2 含钛矿物

铝土矿中的含钛矿物一般是以金红石、锐钛矿等形式存在，在铝土矿溶出时，氧化钛与碱产生如下反应：

$$3TiO_2+2NaOH+aq \longrightarrow Na_2O \cdot 3TiO_2 \cdot 2H_2O+aq \qquad (10-4)$$

在添加石灰的情况下，产生如下反应：

$$2CaO+TiO_2+2H_2O = 2CaO \cdot TiO_2 \cdot 2H_2O \qquad (10-5)$$

在溶出过程中，上述反应生成的产物几乎不溶解，基本全部进入赤泥。

10.2.3 含铁矿物

铝土矿中的铁物主要以赤铁矿（Fe_2O_3）、黄铁矿（FeS_2）等形式存在，在铝土矿溶出的条件下赤铁矿不与碱作用，Fe_2O_3 及其水合物全部残留于固相中，成为赤泥的重要组成部分。

10.2.4 碳酸盐类矿物

铝土矿中的碳酸盐通常是以石灰石（$CaCO_3$）、白云石（$MgCO_3$）和菱铁矿（$FeCO_3$）等形式存在，在溶出过程中，碳酸盐与苛性碱作用产生如下反应：

$$CaCO_3+2NaOH+aq \longrightarrow Na_2CO_3+Ca(OH)_2+aq \qquad (10-6)$$
$$MgCO_3+2NaOH+aq \longrightarrow Na_2CO_3+Mg(OH)_2+aq \qquad (10-7)$$
$$FeCO_3+2NaOH+aq \longrightarrow Na_2CO_3+Fe(OH)_2+aq \qquad (10-8)$$

上述反应产物中的氢氧化物进入赤泥中。

铝土矿的溶出性能因矿物本身的形态、化学组成和组织结构不同而异。因此，对不同的铝土矿要求溶出的条件也不同。从溶出动力学角度分析，影响铝土矿溶出效果的主要因素为溶出温度、碱液浓度、搅拌强度和溶出时间等。在一般情况下，提高溶出温度可以加快反应的速度，也可提高扩散的速度。随着温度的增加，可使矿石在矿物形态方面的差别造成的影响趋于消失，所以提高温度对溶出是有利的。但随着温度的提高，碱溶液的蒸汽压也随之增加，因此在高压容器内进行铝土矿的溶出，有利于提高氧化铝的溶出率。

10.3 实验仪器与试剂

（1）实验仪器：高压反应釜、真空泵、干燥箱。

实验装置连接见图10-1。

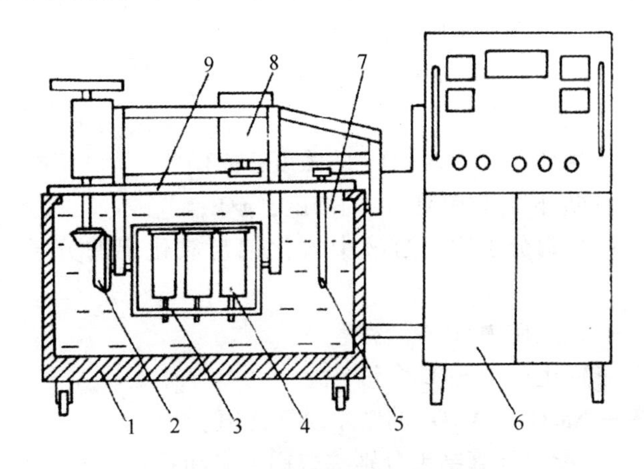

图10-1 高压溶出实验装置

1—加热槽；2—传动齿轮；3—旋转框架；4—钢弹釜；5—热电偶；6—温度控制器；7—加热熔体；8—电动机；9—加热槽盖板

（2）实验试剂：铝土矿、循环母液、石灰。

10.4 实验步骤

（1）配料计算。

1）铝土矿成分见表10-1。

表 10-1 铝土矿成分

成 分	Al_2O_3	SiO_2	Fe_2O_3	TiO_2	其他	灼碱
含量/%						

2）循环母液成分见表 10-2。

表 10-2 循环母液成分

成 分	$Na_2O_{苛}$	$Na_2O_{碳}$	Al_2O_3	α_k
含量/$g \cdot L^{-1}$				

3）石灰。石灰加入量分别为干矿石的 0%、2%、4%、6%。

4）100 毫升循环母液应加入铝土矿质量：

$$m = \frac{10 \times (n - 0.608 \times a \times \alpha_k)}{0.608 \times [\alpha_k \times (A - S) + S]} \tag{10-9}$$

式中 m——铝土矿质量，g；

n——循环母液中 $Na_2O_{苛}$ 的浓度，g/L；

a——循环母液中 Al_2O_3 的浓度，g/L；

α_k——配料分子比，溶液中氧化钠与氧化铝的分子比，取值 3.1~3.4；

A——铝土矿中 Al_2O_3 含量，%；

S——铝土矿中 SiO_2 含量，%；

0.608——Na_2O 与 Al_2O_3 的摩尔质量比值。

（2）按照配料计算结果分别称取铝土矿和石灰。

（3）将称取的物料加入高压釜中，再用量筒量取 100mL 循环母液注入釜内（留少许母液以备冲洗搅拌棒），用玻璃棒搅拌均匀。

（4）装好物料之后应使用绒布将釜体和釜盖上的锥面擦拭干净，依次装上釜盖和螺母，再用扳手拧紧螺母。在装釜盖时，应防止釜体和釜盖之间密封面相互磕碰。将釜盖按固定位置小心放在釜体上，拧紧螺母时，必须按对角、对称的方式分多次逐步拧紧，用力要均匀，防止釜盖向一边倾斜，以达到良好的密封效果。

（5）检查高压釜各个阀门是否关闭，外部是否干燥，再将高压釜放入加热炉内，装热电偶和搅拌皮带。

（6）打开控制器电源开关，电源信号灯亮。在数显表上设定操作温度和搅拌速度，然后打开加热开关，电炉接通，加热指示灯亮，开始加热；打开搅拌开关，电机通电，搅拌指示灯亮，开始搅拌。记录高压釜内温度的变化，当温度达到溶出温度时开始计时。

（7）溶出结束时，按下搅拌电机停止按钮、断开温控装置电源开关，将高压釜取下冷却，当冷却至室温时打开通气阀门，使高压釜内外压力平衡，再打开釜盖。

（8）将高压釜内的料浆倒入500mL烧杯中，随即用50mL沸水稀释，趁热过滤分离矿渣，再用洗瓶盛装200mL沸水洗涤反应釜表面粘附的料浆和矿渣，将泥渣中的铝酸钠溶液洗入滤液中。

（9）洗涤结束后，称量滤液（包括洗液）的体积。

（10）取样分析溶液中Al_2O_3的含量。

10.5 注意事项

（1）密封高压釜时，釜盖要装得平整，釜体螺栓要拧紧，否则易出现密封不严的情况。

（2）加料和取料时，要戴好防护眼镜和手套，以防被溅射出的溶液灼伤。

（3）溶出过程中，要认真观察温度和压力的变化，并按要求认真做好记录。

（4）当温度降至室温且高压釜内外压力平衡时才允许打开釜盖，避免带压操作。

（5）在过滤和洗涤滤渣时，应注意尽量减少滤液和洗涤水的损失。

10.6 实验记录

（1）将配料数据填入表10-3~表10-6。

表10-3 铝土矿成分

成　分	Al_2O_3	SiO_2	Fe_2O_3	TiO_2	其他	灼碱
含量/%						

表 10-4 循环母液成分

成 分	$Na_2O_苛$	$Na_2O_碳$	Al_2O_3	α_k
含量/$g \cdot L^{-1}$				

表 10-5 配料表

矿石加入量/g	矿石粒度/mm	循环母液加入量/mL	配料摩尔比

表 10-6 石灰加入量

实验编号	1号	2号	3号	4号
加入量/%	0	2	4	6

（2）将溶出条件记录在表 10-7 中。

表 10-7 溶出条件

时间	温度/℃	时间	温度/℃

（3）将实验结果填写在表 10-8 中。

表 10-8 实验结果

溶出滤液（包括洗液）体积/mL	溶出滤液中 Al_2O_3 的含量/$g \cdot L^{-1}$

10.7　实验数据处理与报告编写

10.7.1　数据处理

根据矿石的加入量和组成与溶出液体积及浓度，计算 Al_2O_3 的实际溶出率：

$$\eta_A = \frac{V \times a_1 - 0.1 \times a}{x \times A} \times 100\% \qquad (10-10)$$

式中　η_A——氧化铝的实际溶出率，%；

V——溶出滤液（包括洗液，但忽略赤泥附液）的体积，L；

a_1——溶出滤液中 Al_2O_3 的含量，g/L；

0.1——溶出配料时加入的循环母液量，L；

a——循环母液中 Al_2O_3 的含量，g/L；

x——溶出配料时加入的矿石量，g/L；

A——矿石中 Al_2O_3 的百分含量，%。

10.7.2　编写报告

实验报告内容应包括实验名称、日期、目的，基本原理简述，实验仪器和药剂，高压溶出条件，实验步骤，实验记录，数据处理，实验结果，分析讨论。

计算 Al_2O_3 的实际溶出率，绘出不同石灰添加量与氧化铝实际溶出率之间的关系曲线，讨论添加石灰的作用。

10.8　思考题

（1）简要说明影响溶出速度的因素是什么。

（2）实验装置中已有温度控制设备，为什么还要认真观察温度？

实验 11　N_{235} 萃取分离镍和钴实验

11.1　实验目的

（1）掌握用 N_{235} 萃取剂从氯化物溶液中分离镍和钴的基本原理、技术条件，N_{235} 萃取剂的性能及组成。

（2）加深对溶剂萃取基本概念的理解，如相与相比、萃取体系、分配定律与分配比、萃取比与萃取因素、饱和容量与操作容量、分离系数、反萃与协萃等。

（3）掌握实验室溶剂萃取的基本操作。

11.2　实验原理

镍和钴是重要的有色金属，由于化学性质相似，二者在自然矿床中通常共生、伴生，二次资源中也经常同时存在。因此，在冶炼过程中，镍和钴的分离十分重要。溶剂萃取法是钴、镍分离的重要方法之一。钴和镍原子序数相邻，同为第四周期第Ⅷ族元素，仅外层 d 电子数不同。利用这种性质上的差异，可使用萃取法达到分离的目的。

根据镍钴离子水溶液介质不同，萃取剂可分为磷（膦）类萃取剂和叔胺类萃取剂两类。20 世纪 70 年代以来，国内外广泛应用烷基磷酸 D2EHPA（类似于国内的 P204）和烷基膦酸 PC-88A（类似于国内的 P507）从硫酸盐介质中提取与分离镍和钴。自 60 年代末起，国内外普遍应用叔胺类萃取剂 Alamine336（相当于国内的 N_{235}）从氯化物介质中提取分离镍和钴。其中，叔胺类萃取剂用于镍和钴分离的技术较为成熟。我国的镍、钴工业生产及高纯镍、高纯钴的制取中常用 N_{235} 萃取剂分离和提纯镍和钴。

N_{235} 萃取剂（三辛癸烷基叔胺）是烷基为 $C_8 \sim C_{10}$ 的三烷基胺，属于多种叔胺的混合物，化学通式大致为（$C_{8\sim10}H_{17\sim21}$）$_3$N。N_{235} 萃取剂的性能与组成相当于国外产品 Alamine336。N_{235} 萃取剂的工业产品为无色或浅黄色透明油状液体，见光变成黄色，密度为 0.821g/cm³，沸点为 466.2℃（760mmHg），闪点为 206.9℃，蒸汽压 7.23×10^{-9}mmHg（25℃）。

N_{235} 的工业产品纯度一般都在 95%以上，在萃取过程中易产生第三相。因此，稀释剂最好选用含芳烃较多的碳氢化合物，用煤油作稀释剂时，应加入磷酸三丁酯（TBP）或二甲苯以抑制第三相。

N_{235} 萃取剂从氯化物介质中萃取分离镍钴的基本原理：钴在氯化物介质中易形成 $CoCl_4^{2-}$ 络阴离子，能被胺类萃取剂萃取；而镍则不能形成这种络阴离子，即使氯离子浓度达到 12mol/L 亦不形成，故镍不能被胺类萃取而仍留在水溶液中，从而实现镍和钴的分离。

溶于有机相中的胺盐能与水溶液中的络阴离子发生交换反应。从盐酸溶液中萃取钴的过程可表示为：

$$R_3N+HCl \rightleftharpoons R_3NH^+Cl^- \tag{11-1}$$

$$CoCl_2+2HCl \rightleftharpoons H_2CoCl_4 \tag{11-2}$$

$$2R_3NH^+Cl^-+H_2CoCl_4 \rightleftharpoons (R_3NH)_2^{2+}CoCl_4^{2-}+2HCl \tag{11-3}$$

用水反萃钴的反应为：

$$(R_3NH)_2^{2+}CoCl_4^{2-}+2H_2O \rightleftharpoons 2R_3NHOH+CoCl_2+2HCl \tag{11-4}$$

式中，R 为烷基（$C_{8-10}H_{17-21}$）。

N_{235} 在盐酸介质中对各种金属的萃取曲线如图 11-1 所示。

由图 11-1 可见，N_{235} 萃取金属离子能力的大小顺序为：$Zn^{2+}>Fe^{3+}>Cu^{2+}>Co^{2+}>Fe^{2+}>Ni^{2+}$。溶液中的氯离子浓度不仅影响它与金属离子形成的络阴离子的稳定程度，而且也是影响 N_{235} 萃取金属离子能力的重要因素。当 $c[Cl^-]$ 为 100g/L 时，Zn^{2+}、Fe^{3+} 萃取完全；当 $c[Cl^-]>200$g/L 时，Cu^{2+} 萃取完全；当 $c[Cl^-]>270$g/L 时，Co^{2+} 萃取完全，并很容易用水把负载有机相中的钴反萃下来，而即使 $[Cl^-]$ 高达 400g/L，Ni^{2+} 仍不被萃取。因此，若溶液中不含 Fe^{2+} 时，只要 Co^{2+} 被完全萃取，则 Zn^{2+}、Fe^{3+}、Cu^{2+} 也被完全萃取，从而实现了氯化体系中镍与杂质的彻底分离。随着溶液中 Cl^- 浓度的增加，钴氯络合物的形成关系为：

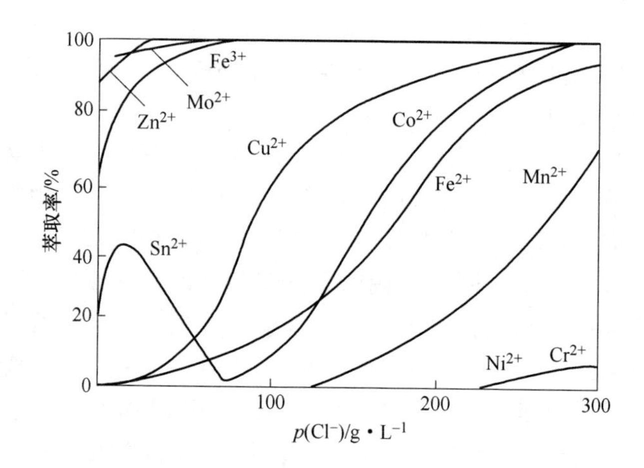

图 11-1 N_{235} 在盐酸介质中对各种金属的萃取曲线

$Co(H_2O)_6^{2+}$（红色）→$CoCl(H_2O)_5^{+}$（红色）→$CoCl_2(H_2O)_2$（蓝色）→$CoCl_3(H_2O)^{-}$（蓝色）→$CoCl_4^{2-}$（蓝色）

在生产中，某些易萃的金属，如 Fe^{3+}、Zn^{2+} 等，很难反萃彻底。随着有机相使用时间的延长，这些金属有一定的积累。此时可用 NaOH 溶液反复洗涤有机相，使胺盐分解而析出游离胺。

11.3 实验设备与试剂

（1）实验设备：电动振荡机、分液漏斗、移液管、量筒。

（2）实验试剂：镍钴氯化物溶液成分配制在下列范围内：$c[Ni^{2+}]=15\sim20g/L$，$c[Co^{2+}]=1\sim3g/L$，$c[Cl^{-}]>250g/L$。

有机相溶液为含 25%N_{235} 的二甲苯溶液（可用 200 号溶剂油或磺化煤油代替二甲苯）。

改质剂为磷酸三丁酯（TBP）。

11.4 实验步骤

（1）设定萃取技术条件。萃取温度、平衡时间、澄清分离时间、相比、萃取级数。

（2）按所拟定的相比，确定 N_{235} 有机相及含镍钴氯化物溶液的体积并转入 1 号分液漏斗中。

（3）按错流萃取操作程序及确定技术条件进行三级错流萃取，如图 11-2 所示。

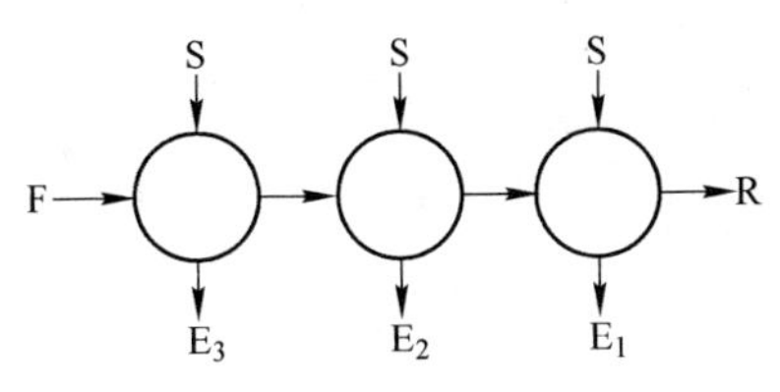

图 11-2　三级错流萃取示意图

F—水相；R—萃余液；S—新有机相；E_1 ~ E_3—负载有机相

（4）分液漏斗固定在电动振荡机上，按设定时间进行振荡，使有机相和水相充分接触。

（5）振荡结束后，静置分液漏斗，待两相澄清后，分离有机相和水相。水相按错流作业进行操作。

（6）对负载有机相 E_1、E_2、E_3 分别进行反萃作业，分析确定反萃液中镍和钴的含量。

（7）对萃余液进行化学分析，测定其中镍和钴的含量。

（8）分析方法可由指导教师根据实际条件确定。

11.5　注意事项

（1）实验室若无振荡机，可人工操作。

（2）若萃取过程出现第三相可加入改质剂。

（3）分析条件不足，可以只分析钴含量。

11.6　实验记录

萃取技术条件：温度________℃；溶液 pH 值________；平衡时间________ min；澄清时间________ min；相比 O/A ________；萃取级数________级；萃取操作方式________；有机相浓度________；溶剂________；改质剂________；反萃液体积________ mL；反萃液含钴总量________ g。

实验结果记入表 11-1。

表 11-1 实验记录

项目		记录
时间/min		
水相体积/mL		
有机相体积/mL		
水相原始浓度/g·L^{-1}	Co	
	Ni	
反萃液钴浓度/g·L^{-1}	E_1	
	E_2	
	E_3	
萃余液浓度/g·L^{-1}	Co	
	Ni	
反萃液体积/mL	E_1	
	E_2	
	E_3	
反萃液中含钴总量/g		

11.7 实验数据处理与报告编写

11.7.1 实验数据处理

（1）计算钴的萃取率。萃取率表示在萃取过程中金属被萃取到有机相中的分数，通常用百分数表示。

$$钴的萃取率=\frac{有机相中含钴总量（g）}{原溶液中含钴总量（g）}\times 100\%$$

（2）镍、钴分离系数的计算。分离系数表示两种金属分离的难易程度，用β来表示。分离系数等于同一萃取体系内两种金属在同样萃取条件下分配比的比值，即：

$$\beta=\frac{D_A}{D_B}=\frac{c_{A有}}{c_{A水}}\div\frac{c_{B有}}{c_{B水}}=\frac{c_{A有}}{c_{A水}}\frac{c_{B水}}{c_{B有}}$$

式中 D_A，D_B——分别为 A 和 B 在两相中的分配比；

$c_{A有}$，$c_{B有}$——分别为 A、B 在有机相中的平衡浓度；

$c_{A水}$，$c_{B水}$——分别为 A、B 在水相中的平衡浓度。

β 值越大或越小，说明两种金属越容易分离；$\beta = 1$ 时，表明两种金属不能分离。当萃取剂浓度分析数据充分时，试计算镍和钴的分离系数。

11.7.2　编写报告

实验报告内容应包括实验名称、日期、目的，基本原理简述，实验仪器和药剂，萃取技术条件，实验步骤，实验记录，数据处理，实验结果，分析讨论。

11.8　思考题

（1）当含镍、钴氯化物水溶液含有 Fe^{3+}、Cu^{2+}、Zn^{2+} 时，其萃取过程有何变化，应如何处理？

（2）什么叫萃取等温线？如何绘制？

实验 12　电导率法测定底吹炼铜炉水模型的混匀时间实验

12.1　实验目的

（1）掌握物理模拟的相似定理以及底吹炼铜炉水模型参数确定方法。

（2）了解电导率法测量混匀时间的原理和方法。

（3）测定底吹炼铜炉的混匀时间曲线。

12.2　实验原理

12.2.1　物理模拟参数的确定

对于氧气底吹炼铜炉内的多相体系来说，体系内熔体流动的动力一般是射流冲击和气泡浮力，因此只要做到冷态模型与底吹炉原型的修正弗鲁德数相等，就能基本保证两者的动力相似，确定模型实验中喷气流量的具体范围。修正弗鲁德数的定义为：

$$Fr' = \frac{\rho_g \cdot u^2}{\rho_l \cdot g \cdot H} \tag{12-1}$$

式中　u——特征速度，m/s；

H——熔池深度，cm；

ρ_g——气体密度，kg/m^3；

ρ_l——液体密度，kg/m^3。

特征速度 u 可以由式（12-2）给出：

$$u = \frac{4Q}{\pi \cdot d^2} \tag{12-2}$$

式中　Q——气体体积流量（标态），m^3/s；

d——氧枪喷嘴直径，m。

将式（12-2）代入式（12-1），可得：

$$Fr' = \frac{1.624\rho_g \cdot Q^2}{\rho_l \cdot g \cdot H \cdot d^4} \tag{12-3}$$

由原型和模型的修正 Fr 数相等得出模型中的供气量与实际供气量之比为：

$$\frac{Q''}{Q'} = \left(\frac{H_0''}{H_0'} \cdot \frac{d''^4}{d'^4} \cdot \frac{\rho_l''}{\rho_l'} \cdot \frac{\rho_g'}{\rho_g''}\right)^{\frac{1}{2}} \tag{12-4}$$

因为：$\frac{H_0''}{H_0'} = \frac{d''}{d'} = \frac{1}{\lambda}$（$\lambda$ 为模型比），则模型与实际气体流量的关系为：

$$Q'' = Q' \sqrt{\left(\frac{1}{\lambda}\right)^5 \cdot \frac{\rho_l''}{\rho_l'} \cdot \frac{\rho_g'}{\rho_g''}} \tag{12-5}$$

式中　Q''，Q'——模型气体流量和实际气体流量；

ρ_l''，ρ_l'——模型液相密度和实际液相密度；

ρ_g''，ρ_g'——模型气相密度和实际气相密度；

λ——模型比。

实验用模型及物料属性见表 12-1。

表 12-1　实验用模型及物料属性

规　格	液相密度/$kg \cdot m^{-3}$	气相密度/$kg \cdot m^{-3}$	模型比
水模型	1000	1.29	9.3
工业尺寸	4600	1.37	

将 $Q' = 1000 \sim 10000m^3/h$ 代入，得 $Q'' = 3 \sim 20m^3/h$。

经代入数据运算，可知，喷吹喷气量的取值为 $3 \sim 20m^3/h$，因此实验中喷吹气流量可取 $4m^3/h$、$6m^3/h$、$8m^3/h$、$10m^3/h$、$12m^3/h$，用来观察其他条件相同时不同气体流量对均混时间的影响。模型与原型数据对照见表 12-2。

表 12-2　模型与原型喷气量对照

项目	喷气量/$m^3 \cdot h^{-1}$				
模型喷气量	4	6	8	10	12
原型喷气量	2197	3296	4395	5494	6393

12.2.2　电导率法原理

测定氧气底吹炉中的混匀时间具有重要意义，它代表在氧气底吹炉中铜锍与熔渣的混合程度，直接影响冶金反应的速度。均混时间的定义为：反应器内任何位置上添加物质的浓度和完全混合后的最终浓度间偏差，不大于各个检测点示踪剂浓度相对于熔池内平均示踪剂浓度的偏离程度 α 所需的时间，一般取 $\alpha = 5\%$，其一般走向如图 12-1 所示。

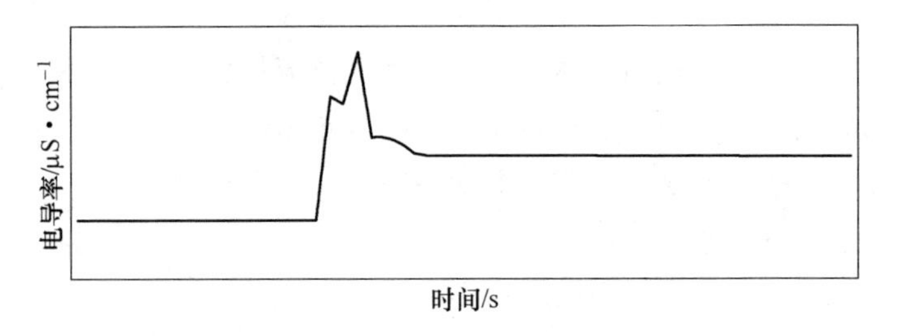

图 12-1　混匀时间趋势

实验是在由透明有机玻璃制成的氧气底吹炉模型中进行的，采用电导率法来测取熔池内电导率的变化，再通过特定的数据处理来确定混匀时间。实验中将饱和 KCl 溶液由模型顶部的烟气出口注入底吹炉模型中，电极探头要安装在氧气底吹炉底部。滴入饱和 KCl 溶液的同时开始记录混匀开始时间，水中电导率的变化会反应在与电导率仪相连的计算机上，当电导率波动不超过 5%时，记为混匀结束时间。

12.3　实验仪器及试剂

（1）实验专用定制氧气底吹炉模型如图 12-2 所示。

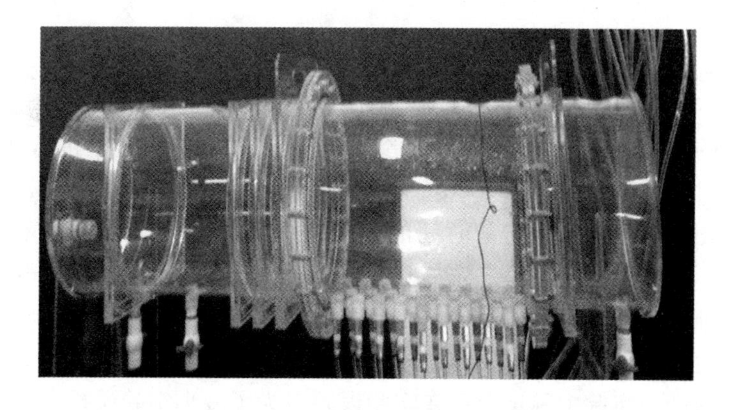

图 12-2 实验专用定制氧气底吹炉模型

（2）DDSJ-308A 型电导率仪如图 12-3 所示。

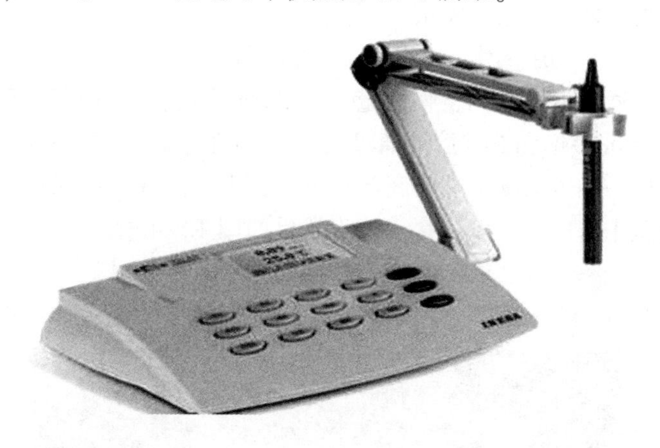

图 12-3 DDSJ-308A 型电导率仪

（3）饱和 KCl 溶液。

（4）直筒型喷嘴；1.6mm 直径喷头（9 个）、3.2mm 直径喷头（9 个）。

（5）空压机。

（6）储气罐。

（7）流量表。

12.4 实验步骤

本实验模型通体由有机玻璃制成，实验时通过电导率仪上显示电导率的波动情况来确定混匀时间。打开储气罐阀门对模型进行通气，一定时间后熔池内状态基本趋于稳定后，开启计算机上电导率处理软件（REXDCM1.1），记录时间的同时往熔池中加入100mL饱和KCl溶液，水溶液的电导率将先急剧升高后降低，最后趋于稳定，电导探头会准确感知电信号的变化，混合时间最终根据电信号的波动不超过稳定值的5%确定。当然，由于电解质溶液加入位置、喷气量上下波动等原因，实验中一定会存在实验误差，为了减小实验误差，实验需重复多次（至少要重复做3次实验），取平均值进行混合时间的最终确定。之后对实验数据进行整理分析，就可以得出水模型条件下均混时间与喷吹操作参数的关系。

将实验模型中的水注入到设定的液面高度，利用空压机向储气罐内通气，通过流量计调整喷气量。吹5min待模型中的流动状态稳定后，将100mL饱和KCl溶液通过模型顶部烟气口注入喷吹中心附近，将电极探头插入喷嘴远端的底部滞留区，用软件REXDCM1.1测量并记录模型中水的电导率变化，喷吹效果如图12-4所示。其基本实验过程如下：

（1）实验流程如图12-5所示，通过水池向水模型中注水，电导

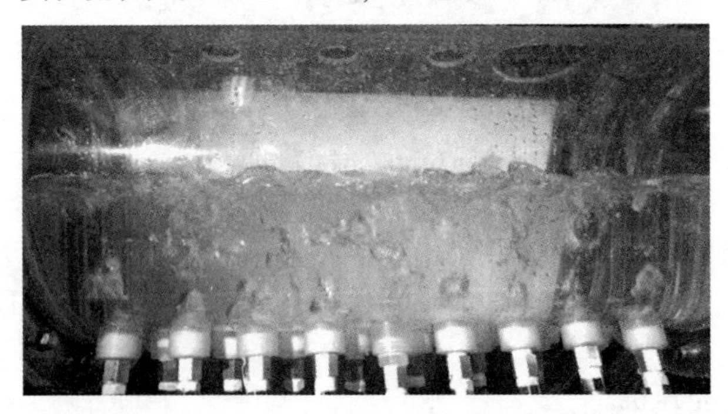

图12-4 单组9喷嘴单排排布喷吹效果

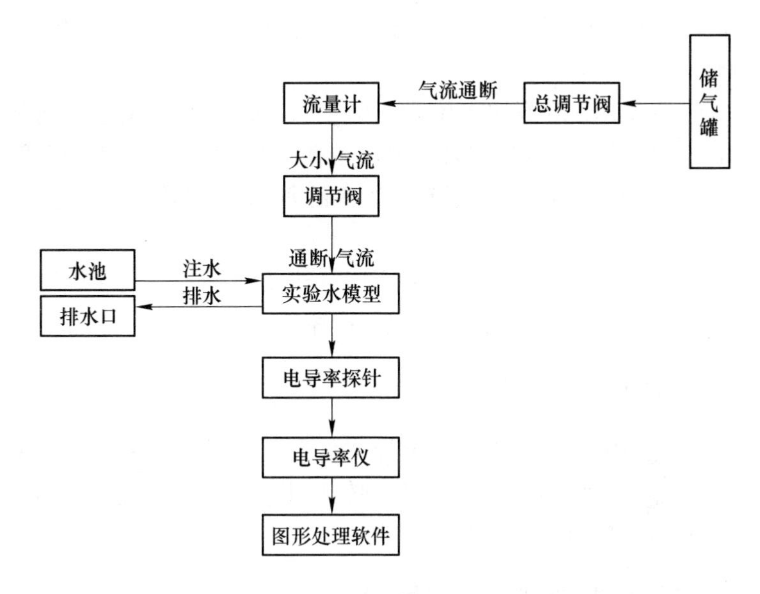

图 12-5　实验流程

率探针固定在模型壁上，距离模型底部 2cm。注水完成后关闭水池。打开总调节阀对模型通气，通过流量计调节喷气量。当气体流量稳定后通过模型上部烟气口向模型内滴入饱和 KCl 溶液，电导率仪会自动记录数据并将其传输到计算机的图像处理软件上。

（2）将探头固定在熔池底部并与 DDSJ-308A 型电导率仪相连，电导率仪的另一端连在计算机上，准备记录电导率变化的曲线。

（3）固定喷嘴直径为 1.6mm，喷嘴倾角为 0°，熔池深度为 220mm，改变喷气量分别为 $4m^3/h$、$6m^3/h$、$8m^3/h$、$10m^3/h$、$12m^3/h$，将 100mL 的 KCl 溶液通过漏斗注入喷吹中心附近，记录混匀时间，研究不同气体流量对混匀时间的影响。

（4）每个实验做三次，取平均值，记为此种情况下最终混匀时间。

12.5　注意事项

（1）电导法测定混匀时间时要将 KCl 溶液瞬时注入水模型熔池

内的水中，然后连续测量水中电导值变化，直至电导率稳定时为完全混匀时间。

（2）注意 KCl 溶液加入位置不同、电导探针摆放位置不同都会影响混匀时间的最终测量结果。因此在对比不同喷吹参数对混匀时间的影响时，需要固定每次实验时 KCl 的加入点位置和探针监测点位置。

（3）必须掌握各仪器的正确使用方法，了解各开关、旋钮的作用后，再自行调试、实验，避免仪器损坏。

12.6 实验记录

本实验采用 DDSJ-308A 型电导率仪自动记录电导率随时间的变化，并将其传输到计算机的相应处理软件上。每次测量完成时需要根据实验条件命名并保存数据文件。

12.7 实验数据处理与报告编写

12.7.1 数据处理

本实验采用 DDSJ-308A 型电导率仪测量水模型中电导率的变化，DDSJ-308A 型电导率仪会将实验数据同步储存在与之相连的计算机上，需要将数据输入到 OriginPro9.0 中，以时间为横坐标，以电导率为纵坐标，生成实验数据对应的散点图。

由于均混时间的定义为反应器内任何位置上添加物质的浓度和完全混合后的最终浓度间偏差不大于 α 所需的时间，一般取 $\alpha=0.05$，所以可以取图像基本平稳时的浓度作为最终浓度，用其减去初始浓度即为浓度差，浓度差乘以 0.05 加上最终浓度即为混匀时的电导率，其纵坐标即为混匀时间，如图 12-6 所示。

如图 12-6 所示，混匀时间为 84s，混匀时的电导率为 1133.133μS/cm。

12.7.2 编写报告

实验报告内容应包括实验名称、日期、目的，基本原理简述，实

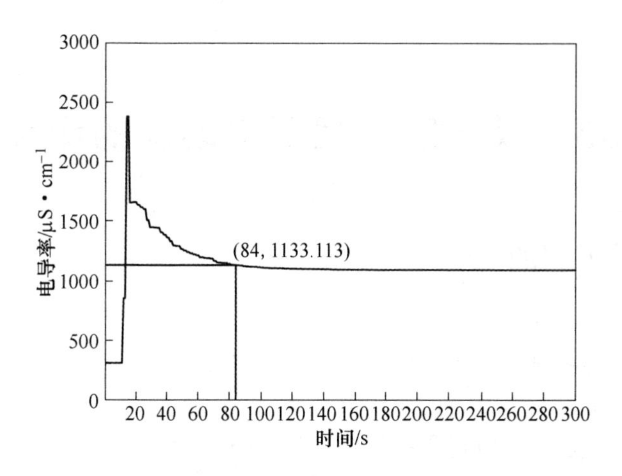

图 12-6　混匀时间的确定

验仪器和药剂，实验步骤，实验记录，数据处理，实验结果，分析讨论。

12.8　思考题

（1）测量的底吹炼铜炉内混匀时间随着喷气量是如何变化的，其原因是什么？

（2）KCl 电导探针监测点的位置对混匀时间有何影响，应该如何选择监测点位置？

实验 13　镁电解过程反电动势的测量实验

13.1　实验目的

（1）学习理论分解电压的计算。

（2）学习电解过程中反电动势的测量。

（3）掌握测量设备的使用方法。

（4）测量镁电解过程中反电动势数值。

13.2　实验原理

13.2.1　理论分解电压

镁电解中的理论分解电压就是电池的电动势。因为电解过程是电池反应的逆反应，所以镁电解的理论分解电压可以由电池反应的自由能进行计算：

$$Mg \parallel MgCl_2（熔体）\parallel Cl_2（石墨） \tag{13-1}$$

$$Mg+Cl_2 = MgCl_2 \tag{13-2}$$

$$E_{T^o} = -\frac{\Delta G_{T^o}}{nF} \tag{13-3}$$

在镁电解中，阴极是镁液，活度为 1，阳极产物为氯气，近 1 个大气压，其活度也可定义为 1。所以，实际生产中的理论分解电压 E_T 仅与电解质中 $MgCl_2$ 的活度有关：

$$E_T = E_{T^o} + \frac{RT}{nF}\ln\frac{1}{\alpha_{MgCl_2}} \tag{13-4}$$

式中　E_{T^o}——$MgCl_2$ 活度为 1 时的分解电压，V；

R——气体常数，$R=8.314J/(mol \cdot K)$；

n——反应过程电子转移数，$n=2$；

F——法拉第常数，$F=96487C/mol$；

α_{MgCl_2}——混合熔盐中 $MgCl_2$ 的活度，mol/L。

E_{T° 可由热力学直接计算，而 E_T 只有测量出 $MgCl_2$ 的活度后才能计算，由上式可知 E_T 要比 E_{T° 大一些。经计算各种温度下的 E_{T° 见表 13-1。

表 13-1　不同温度下 $MgCl_2$ 的理论分解电压

温度/℃	640	660	680	700	720	740	750
ΔG_{T°/J · mol^{-1}	495000	492580	499380	486180	482730	478690	476670
E_{T°/V	2. 565	2. 553	2. 536	2. 519	2. 502	2. 481	2. 407

根据反应自由能得到的理论分解电压是为了使 $MgCl_2$ 分解需要加到两极上的最小外加电压。

13. 2. 2　实际分解电压和反电动势

在实际生产中，电极表面总要流过较大的电流，这样电极电位将偏离平衡电位，达到一个新的电位，此时两电极电位之差称为实际分解电压。由于实际分解电压与外加槽电压方向相反，所以也经常称其为反电动势。

13. 2. 3　反电动势的测量

反电动势与电极电流密度有关，是动力学参数，只能测量。测量反电动势的方法很多，有断电法、换向法、极化曲线法、动电位扫描法等，其中应用最广泛的为连续脉冲示波器法。

连续脉冲法原理如下：单相交流电经桥式全波整流后，通过纯电阻时波形呈规则的半正弦波形（图 13-1（a）），但一旦开始电解，波形发生显著变化（图 13-1（b））。

当连续脉冲电流通过电解槽时，在示波器上原来回零的电位不再回零，并在下面形成一个平台，平台的高度则为电解瞬间的反电动势即实际分解电压。当电源电压高于平台电压时，发生电解反应，即 $MgCl_2$ 分解：

$$MgCl_2 = Mg + Cl_2 \uparrow \tag{13-5}$$

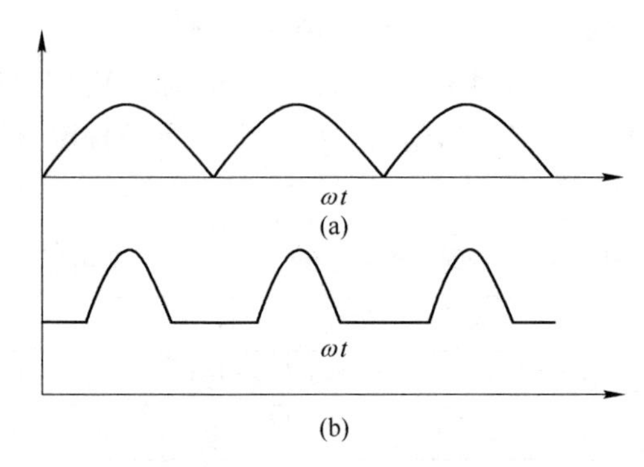

图 13-1 电解过程中的槽电压波形

（a）电解前；（b）电解中的波形

而当电位低于平台电位时，两极产物构成原电池，向外反馈出电压和电流，发生电池放电反应（式 13-2）。因此，只要准确测量出平台的电压值即可得到此时的反电动势。

把虚拟示波器连接到计算机硬件端口后，计算机就兼备了示波器的功能，在正常电解的时候，在计算机屏幕上可以看到电解过程的波形图，经过电压比例调节、波形扫描时间处理之后就可以看到标准的显示波形；然后进入数据测量系统，可分别测量出最高电压、最低电压、平均电压及反电动势数值，然后将典型的波形存入计算机保存和处理，使用十分方便，测量非常准确。数字存储示波器的软件 DSO500. exe 的主界面如图 13-2 所示。

13.3 实验仪器与试剂

（1）实验仪器：信号发生器、直流电源、电炉、电解槽、温度控制器。仪器设备如图 13-3 所示。

（2）实验试剂：电解质。

13.4 实验步骤

（1）称取 100g 电解质，电解质组成为 $MgCl_2$ 10g、KCl 40g、NaCl 40g、$BaCl_2$ 10g。

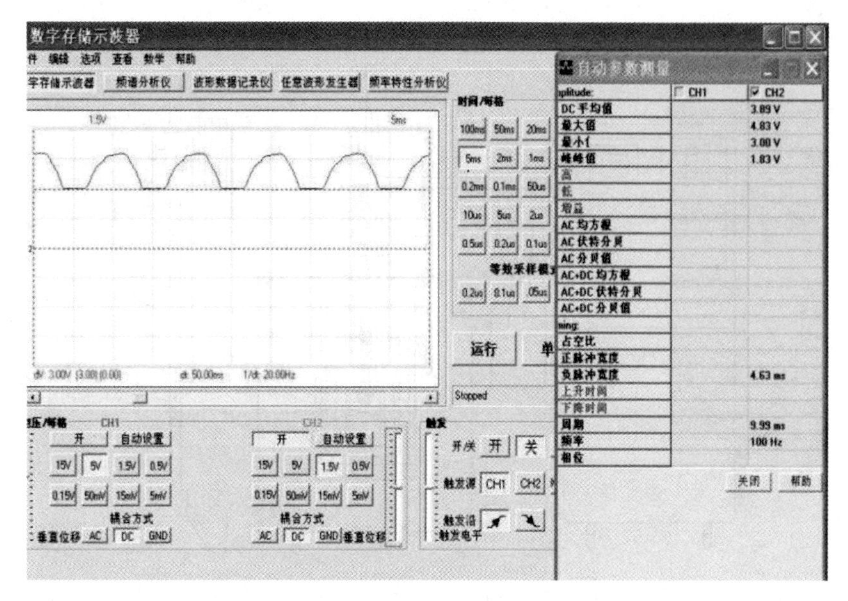

图 13-2　虚拟的数字示波器主界面

（2）将电解质混合均匀后装入石墨坩埚，送入炉中，然后给电炉送电升温。

（3）将阳极和阴极固定在一起保持适当的极距；阳极由石墨制作，外有刚玉套管；阴极由钨丝或铁丝制作，外有刚玉套管。

（4）待温度升到设定温度后，把阳极和阴极插到电解质中，通电预电解 10min，并开动示波器和记忆函数仪准备测量。

（5）每个数据测量 2 次，填入实验记录表。

（6）测量完毕后断开电源，整理好实验装置。

13.5　注意事项

（1）必须准确称取试样重量。

（2）注意用电安全，并防止高温烫伤。

13.6　实验记录

实验数据记录在表 13-2 中。

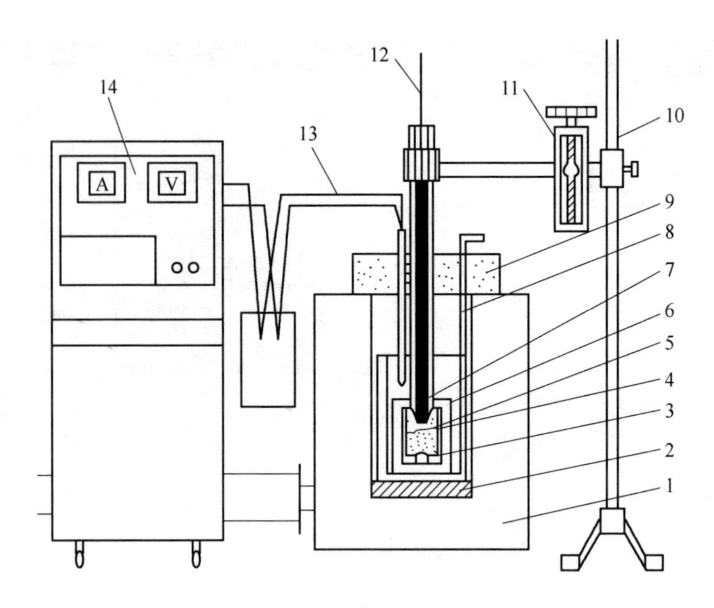

图 13-3 实验装置图

1—高温电阻炉；2—炉内垫层；3—阴极镁液；4—刚玉内衬；
5—电解质；6—石墨坩埚；7—阳极石墨；8—钢制外套；
9—炉盖；10—支架；11—升降装置；12—钼丝引线；
13—铂-铂铑热电偶；14—DWK-702 温度控制仪

表 13-2 试验数据记录

电流/A	0.2	0.5	1.0	2.0	4.0
阳极电流密度/A · cm^{-2}					
阴极电流密度/A · cm^{-2}					
温度/℃					
理论分解电压/V					

13.7 实验数据处理与报告编写

（1）数据处理。做出反电动势与阳极电流密度的关系图。

（2）编写报告。实验报告内容应包括实验名称、日期、目的，基本原理简述，实验仪器和药剂，反电动势和临界电流密度测量技术，实验步骤，实验记录，数据处理，实验结果，分析讨论。

13.8　思考题

（1）根据反电动势与阳极电流密度的关系图讨论二者的关系。

（2）尝试在电解过程中持续增加电流强度，最大电流能够达到多少；当电流增大到一定程度后，电解波形及槽电压发生了怎样的变化，解释具体原因。

实验 14　铝电解过程中临界电流密度的测定

14.1　实验目的

（1）学习在实验室条件下测定临界电流密度的方法。

（2）观察与了解阳极效应现象。

（3）测定在不同氧化铝浓度下的临界电流密度。

14.2　原理

所谓临界电流密度是指在一定条件下能够发生阳极效应时的阳极电流密度。如果阳极电流密度达到或高于临界电流密度，则阳极效应发生；反之，则不发生。

阳极效应是熔盐电解所固有的一种特征现象。阳极效应的外观征象是：

（1）在阳极周围发生明亮的小火花，并带有特别的噼啪声。

（2）阳极周围的电解质有如被气体拨开似的，阳极与电解质界面上的气泡不再大量析出。

（3）电解质沸腾停止。

（4）在工业电解槽上，阳极效应发生时槽电压上升（一般为 30~40V，个别可达 100V）。

解释阳极效应现象的学说有两种：湿润性改变学说和阳极过程改变学说。

湿润性改变学说认为 Al_2O_3 是表面活性物质，当电解质中 Al_2O_3 含量增加时，电解质对炭阳极的湿润性变好，电解质排挤阳极表面上的阳极气体，使之顺利排出，即正常电解；当电解质中 Al_2O_3 含量减少时，电解质对炭阳极的湿润性变差，阳极气体不易排出；当 Al_2O_3 含量降低到一定数值时，阳极气体不能排出，于是小气泡合并成大气泡，并最终在阳极表面上形成气膜，这时槽电压升高，有火花放电，即阳极效应来临。

阳极过程改变学说认为电解质中含氧离子逐渐减少，达到一定程度后有氟析出，并同阳极碳相互作用生成碳的氟化物，从而改变炭阳极表面性质，致使阳极效应产生。

尽管不同学说对产生阳极效应机理的解释不同，但阳极效应发生都会使电解槽的槽电压升高。因此，在实验室中可以采用绘制电流-电压曲线的方法研究阳极效应。图 14-1 所示是典型的阳极效应全 I–E 曲线。

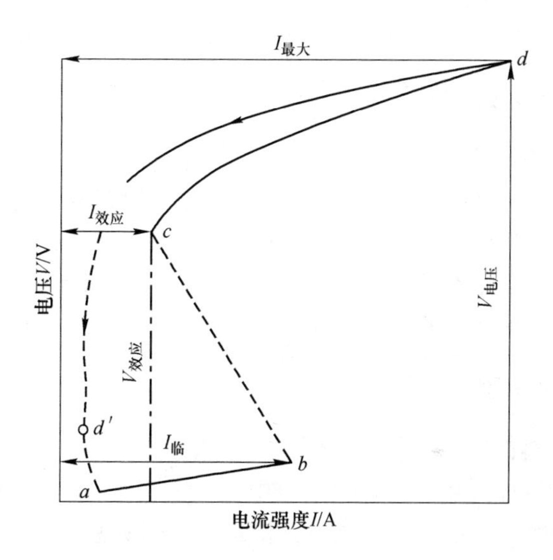

图 14-1　阳极效应的（I–E）电流电压曲线

如图 14-1 所示，由原始状态 a 增加电流（即增加电流密度）时，电压直线升高，一直到 b 点，ab 段为正常电解过程；当电流到达 b 点时，电压突然升高，而电流猛然下降，此时阳极效应发生，b 点的相应电流为临界电流；发生阳极效应时电压由 b 猛增至 c，c 点的相应电压即是阳极效应电压；在阳极效应下再提高电流强度，电压则沿着 cd 线上升；到达电源电压最大值 d 点后如果使电流强度逐渐减小，则 I–E 不按原道而返，而是按 dd' 线回归。这说明已发生阳极效应的阳极具有与之前不同的特点。电压下降可以保持到大大低于原来发生阳极效应的电压而不熄灭（准稳定状态）直到 d 点。此时由于偶然原因效应熄灭、恢复到原来状态的 a 点。这是阳极效应 $I-E$ 曲线的整个过程。

如果从 $I-E$ 曲线上得出临界电流值，同时测量出阳极插入电解质中的面积，则可以计算出临界电流密度：

$$D_{临}=I_{临}/S_{阳}$$

式中 $D_{临}$——临界电流密度，A/cm^2；

$I_{临}$——临界电流强度，A；

$S_{阳}$——阳极插入电解质中的面积，cm^2。

14.3 设备及实验装置

（1）设备：精密温度自动控制器 1 台，DWK-702；坩埚电炉 1 台；炉膛尺寸为 ϕ140mm×200mm，加热功率为 5kW；直流电流表 1 块，C65 型；直流电压表 1 块，C65 型；自耦调压器 1 台；硅整流器 1 台，额定输出电流 20A；函数记录仪 1 台，LZ3-204。

（2）实验装置连接图如图 14-2 所示。

14.4 实验步骤

（1）配料计算与称量：

工业冰晶石：摩尔比=2.8，150g。

每次向冰晶石中添加工业氧化铝量，以试料总量的 2%递增，直至总量的 8%为止。

现有工业冰晶石的摩尔比仅为 2.10，按上述要求计算所需冰晶石的数和应加入的氟化钠（化学纯）数量。计算结束后，用工业天平称量出所需冰晶石、氟化钠和每次要加入的氧化铝的数量。称量好的氧化铝用定量滤纸包好，并写上序号待用。

（2）将称量好的冰晶石和氟化钠放入烧杯中，混合均匀后再置入石墨坩埚内。

（3）待炉温升至 600℃ 左右时，将装有物料的石墨坩埚放入炉里。

（4）按实验装置图连接测量电路。

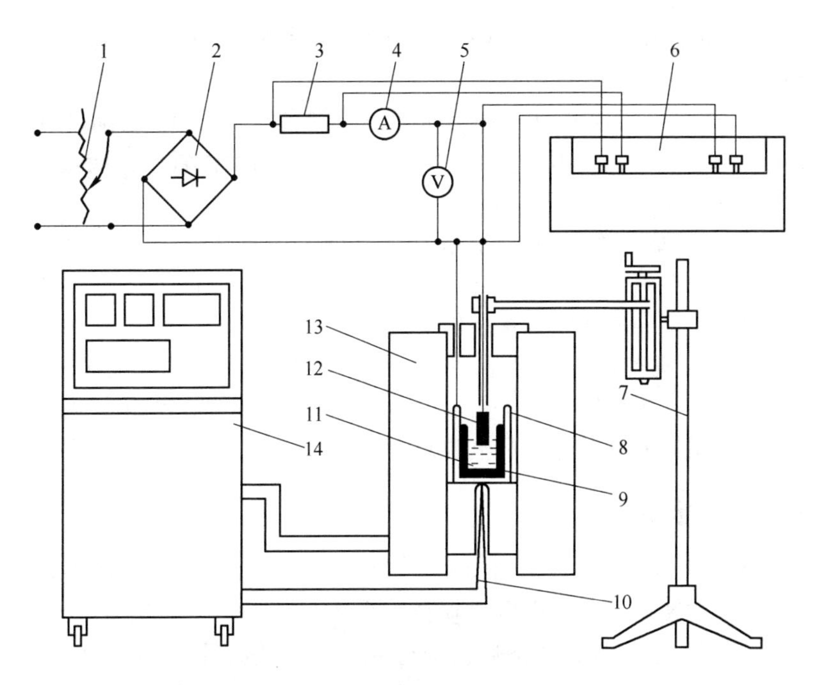

图 14-2 测定临界电流密度实验装置

1—自耦调压器；2—单相全波整流电桥；3—限流电阻；4—直流电流表；
5—直流电压表；6—x-y 函数记录仪；7—阳极升降支架；
8—石墨坩埚；9—铁阴极座；10—热电偶；11—电解质；
12—炭阳极；13—加热炉；14—控温仪

（5）用卡尺测量炭阳极直径。

（6）待炉温达到要求后可插入阳极。在插入阳极时，应首先判断阳极底表面与熔体液面刚刚接触时的初始位置，然后调整阳极升降支架，使极板插入到需要的深度，以便准确地确定阳极插入电解质中的面积。

（7）测量：

1）在将函数记录仪接通电源之前，先检查一下各开关、旋钮的位置。把“x-T”开关掷向 x 处，“量程选择”开关置于短路位置，“y-测量”开关掷向 y 的位置，“抬笔-记录”开关掷向抬笔位置。

2）打开电源开关，将“y-测量”开关掷向测量位置，调整 x 轴调零旋钮和 y 轴调零旋钮，落下记录笔，画出直角坐标线。

3）将记录笔移向直角坐标原点处，按要求选择好 x 轴和 y 轴的量程。

4）缓慢均匀地调节自耦调压器，使输出电压由 0V 逐渐增加到 80V，然后再将自耦调压器缓慢均匀地调回至初始位置，完成全 *I*–*E* 曲线记录工作。

5）每完成一次全 *I*–*E* 曲线的记录工作之后，都要更换一个新阳极、添加一次氧化铝，并用钎子搅拌均匀，待氧化铝完全溶解后按前述过程画出不同氧化铝含量条件下的 *I*–*E* 曲线。

（8）关机与停炉。测量结束后，可断开函数记录仪电源开关，取出阳极，用坩埚钳将石墨坩埚中电解质倒入事先烘热的铸模内。最后断开控温仪的电源开关和电源总开关。

14.5 注意事项

（1）使用的试料应先在 400℃ 温度下烘烧 1h，否则试样中若含有水分，在装炉时容易产生“喷料”事故。

（2）连接完测量电路后，应经指导教师检查同意后方可投入使用。

（3）选择函数记录仪的量程时，不宜选择太小，否则将因超量程绘不出完整的 *I*–*E* 曲线。

（4）添加氧化铝时应注意其序号。

（5）倒出电解质之前，一定要将铸模烘热；倾倒电解质前应戴好防护眼镜和手套。

14.6 实验记录

将实验数据填写在表 14–1 中。

表 14–1 实验数据

电解质中氧化铝含量/%					
阳极导电面积/cm^2					
临界电流强度/A					
电解温度/℃					

14.7　编写报告

（1）简述实验原理。

（2）记明实验条件、数据。

（3）计算不同氧化铝含量时的临界电流密度值并绘出氧化铝含量与临界电流密度的关系曲线。

（4）讨论影响临界电流密度大小的因素。

14.8　思考题

（1）发生阳极效应对铝电解生产有哪些影响？

（2）函数记录仪有哪些用途？

实验 15　硫酸锌溶液的电解沉积实验

15.1　实验目的

（1）巩固锌电解沉积的基本原理，了解电解沉积的目的。

（2）了解各种锌电解沉积技术条件对电解过程的影响。

（3）掌握电流效率与电能消耗的概念与计算方法。

15.2　实验原理

锌焙砂经浸出、净化除杂后得到硫酸锌溶液，为了进一步获得金属锌，需要进行电解沉积作业。将净化后的硫酸锌溶液送入电解槽内，用含有 0.5%～1% Ag 的铅板作为阳极，压延纯铝板作阴极，并联悬挂在电解槽内，通以直流电，在阴极上析出金属锌（阴极锌）。总反应为：

$$ZnSO_4+H_2O = Zn+H_2SO_4+0.5O_2 \quad (15-1)$$

由反应式可知，随着锌电积过程的不断进行，水溶液中的锌离子会不断减少，而硫酸浓度会相应增加。为了保持锌电积条件的稳定，必须维持电解槽中的电解液成分不变。因此，必须不断从电解槽中抽出一部分电解液作为电解废液返回浸出，同时相应加入净化后的中性硫酸锌溶液，以维持电解液中的离子浓度的稳定。

15.2.1　阳极反应

工业生产中大都采用铅银合金板作为不溶阳极，当通直流电后，阳极上发生的主要反应是氧气的析出：

$$H_2O-2e = 2H^++1/2O_2,\ E^0_{H_2O/O_2}=1.229V \quad (15-2)$$

阳极放出的氧，大部分逸出造成酸雾，小部分与阳极表面的铅作用，形成 PbO_2 阳极膜，一部分与电解液中的 Mn^{2+} 起化学变化，生成 MnO_2。这些 MnO_2 一部分沉于槽底形成阳极泥，另一部分黏附在阳极表面上，形成 MnO_2 薄膜，并加强 PbO_2 膜的强度，阻止铅的溶解。

电解液中含有的氯离子在阳极会氧化析出氯气，污染车间空气并腐蚀铅银阳极：

$$2Cl^- - 2e = Cl_2, \quad E^0_{Cl_2/Cl^-} = 1.36V \tag{15-3}$$

15.2.2 阴极

在工业生产条件下，锌电积液中含有 50~60g/L Zn^{2+} 和 120~180g/L H_2SO_4。如果不考虑电积液中的杂质，则通电时在阴极上仅可能发生两个过程。

（1）锌离子放电，在阴极上析出金属锌：

$$Zn^{2+} + 2e = Zn, \quad E^0_{Zn/Zn^{2+}} = 0.763V \tag{15-4}$$

（2）氢离子放电，在阴极上放出氢气：

$$2H^+ + 2e = H_2, \quad E^0_{H_2/H^+} = 0.000V \tag{15-5}$$

在这两个放电反应中，究竟哪一种离子优先放电，对于湿法炼锌而言是至关重要的。从各种金属的电位序来看，氢具有比锌更大的正电性，氢将从溶液中优先析出，而不析出金属锌。但在工业生产中能从强酸性硫酸锌溶液中电积锌，这是因为实际电积过程中，存在由于极化所产生的超电压。金属的超电压一般较小，约为 0.03V，而氢离子的超电压则随电积条件的不同而变。塔菲尔通过实验和推导总结出了超电压与电流密度的关系式，即著名的塔菲尔公式：

$$\eta_H = a + b\lg D_K \tag{15-6}$$

式中 η_H——氢的超电压，V；

a——常数，即电极上通过单位电流密度时的超电压值，随阴极材料、表面状态、溶液组成和温度而变；

b——只随电解液温度而变；

D_K——阴极电流密度，A/m^2。

因此，在实际的电积过程中，由于极化作用氢离子的放电电位会大大地改变，使得氢离子在阴极上的析出电位值比锌更负而不是更正，因而使锌离子在阴极上优先放电析出。

15.3 实验仪器与试剂

（1）实验仪器：直流稳压电源、电解槽、恒温水浴槽、循环集液槽、恒流循环泵、电子天平、容量滴定分析仪。

（2）实验试剂：硫酸锌、硫酸、电解液、明胶，电极：铅银阳极2块，铝阴极1块，铜导电板、棒、导线等。

（3）实验装置如图15-1所示。

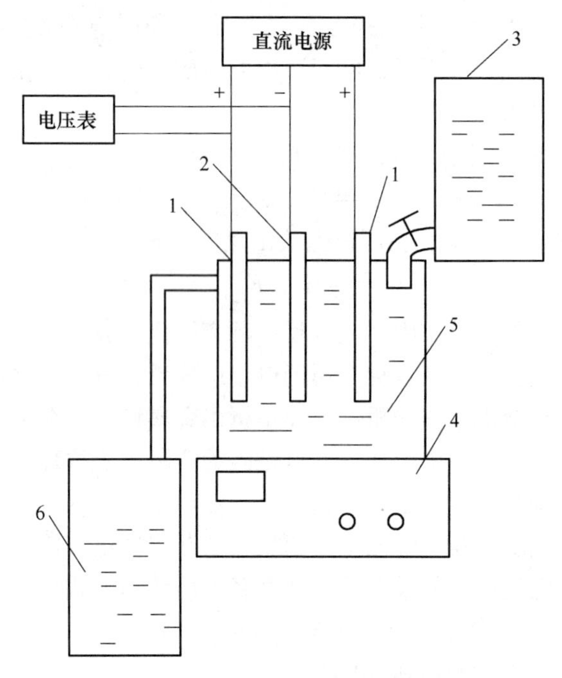

图15-1 硫酸锌溶液电解沉积实验装置

1—铅银阳极；2—铝阴极；3—高位槽；4—数显恒温水浴；5—电解槽；6—低位槽

15.4 实验步骤

（1）电解液的配制：

1）用硫酸锌、水和硫酸配制含锌160g/L、硫酸100g/L的电解液10L。

2）按明胶添加剂 0.1g/L 进行电解液配制的冶金计算。

3）按计算结果配制电解液并取样分析酸、锌的含量（g/L）。

（2）锌、酸浓度的分析方法。

1）酸的测定。准确吸取 1mL 电解液于 300mL 三角杯中，加 30～50mL 蒸馏水稀释；加 0.1%甲基橙 2～3 滴，用标准氢氧化钠溶液滴定，滴定至由红色变为黄色为终点，即为滴定的酸度。酸度的计算：

$$G=\frac{0.049TV}{X}\times 1000 \tag{15-7}$$

式中 G——电解液含硫酸，g/L；

T——氢氧化钠当量浓度，g/L；

V——滴定消耗的氢氧化钠的量，mL；

X——取样分析的电解液的量，mL。

2）电解液含 Zn 量的测定。采用 EDTA 容量法（络合滴定）测定浸出液 Zn 含量，其分析步骤如下：

① 用移液管准确吸取浸出液 1mL 于 200mL 三角杯中，加蒸馏水 20mL。

② 加 0.1%甲基橙 1 滴，加 1∶1 HCl 中和甲基橙变红色。

③ 加 1∶1 氨水 2～3 滴，使其变黄。

④ 加醋酸-醋酸钠缓冲液 10mL，加 10%的硫代硫酸钠 2～3mL 混匀。

⑤ 加 0.5%二甲酚橙指示剂 2 滴，用 EDTA 标准溶液至溶液由酒红色变至亮黄色为终点。

浸出液含 Zn 量计算：

$$M=VT\frac{W}{X} \tag{15-8}$$

式中 M——浸出液含锌总量，g；

V——滴定消耗的 EDTA 量，mL；

T——滴定度，g/mL；

W——浸出液总体积，mL；

X——取出来分析的浸出液体积，mL。

（3）实验条件。

电解液温度：3～40℃；阴极电流密度：450～500A/m^2；电解时间：2h；极间距：30～40mm；电解液循环速度：50～100mL/min。

（4）电解前的准备工作。将配制好的电解液放入高位加热槽加热；用砂纸把导电板（棒）及阴阳极与棒接触点部位擦干净；将电解槽等清洗干净；将阳极、阴极放入沸水中煮沸1min，取出晾干后称重；按要求接好线路；装好导电板、棒；按极距要求安放好极板。

（5）电解试验。认真检查准备工作无误后，将加热好的电解液放入电解槽中，按要求控制好循环液量，放入阴阳极板于预定位置后开始通电，电流强度调整在给定值，做好电解记录（20min记录一次），达到预定电解时间后，停电，取出阳极，阴极放入沸水中煮沸2min，烘干，称重，测出阴极浸入电解液中的有效面积。

（6）按要求将电解液放入存放槽后，清洗整理好实验用具。

15.5 注意事项

（1）电解液具有酸性，取用时需穿防护服和手套。

（2）电解液溅到皮肤上时，先用毛巾擦干，再用大量清水冲洗。

（3）通电时不可接触导线和极板裸露部位，避免带电操作。

15.6 实验记录

电解液成分Cu ________ g/L，H_2SO_4 ________ g/L，阴极有效面积________ m^2，电流密度________ A/m^2，阴极电解前质量________ g，阴极电解后质量________ g，循环方式________。

实验结果记入表15-1。

表15-1 锌电解沉积实验记录

时间/min	电流/A	槽电压/V	温度/℃	极间距/mm	循环量/mL·min^{-1}	备注

15.7　实验数据处理与报告编写

15.7.1　数据处理

$$电流密度=\frac{电流强度}{阴极有效面积} \tag{15-9}$$

$$电流效率（\%）=\frac{实际析出铜量}{1.22\times 电解时间\times 电流} \tag{15-10}$$

式中　1.22——铜的电化学当量，g/(A · h)。

$$电能消耗=\frac{平均槽电压}{1.22\times 电流效率} \tag{15-11}$$

15.7.2　编写报告

实验报告内容应包括实验名称、日期、目的，基本原理简述，实验仪器和药剂，电解沉积技术，实验步骤，实验记录，数据处理，实验结果，分析讨论。

15.8　思考题

（1）电解沉积和电解精炼有何异同？

（2）电解过程中电解液主要成分浓度会如何变化，对电积过程有何影响，可采取哪些措施来减弱这种影响？

（3）如何降低锌电积过程的电能消耗？

实验 16　电位扫描法测镍阳极极化曲线实验

16.1　实验目的

（1）掌握电位扫描法测定极化曲线的基本原理和方法。

（2）了解金属阳极钝化现象。

（3）测定镍在硫酸溶液中的阳极极化曲线。

16.2　实验原理

金属的阳极过程是指在外电压作用下，金属阳极发生电化学溶解过程，如式（16-1）所示：

$$M \longrightarrow M^{n+} + ne \tag{16-1}$$

在金属的阳极溶解过程中，其电极电位必须正于其热力学平衡电位，电极过程才能发生。这种电极电位偏离其热力学平衡电位的现象，称为极化。极化含有偏离的意思。但是当电极电位正到某一数值时，其溶解速度达到最大。此后，阳极溶解速度随电位变正，反而大幅度地降低，这种现象称为金属的钝化现象。

对于大多数金属而言，其阳极极化曲线大都具有图 16-1 所示的形状，曲线可分为四段：

（1）*AB* 段。是金属正常阳极溶解过程，它的溶解度，即阳极电流，随着电极电位正移而增大，此段称为活化溶解区。

（2）*BC* 段。当阳极电流达到 *B* 点时，随着电位继续正移而急剧下降，处于不稳定状态，这是由于电极发生了钝化现象所引起的。通常把相应于 *B* 点的电流称为致钝电流。此段常称为活化-钝化过渡区（坡度区）。

（3）*CD* 段。过 *C* 点后，随着电位正移，阳极电流只有很小的变化或几乎不变，相应于 *CD* 段的电极状态称钝态，此段的电极电位范围称为钝态电极电位范围，相应 *CD* 段的电流称为维钝电流。相对于

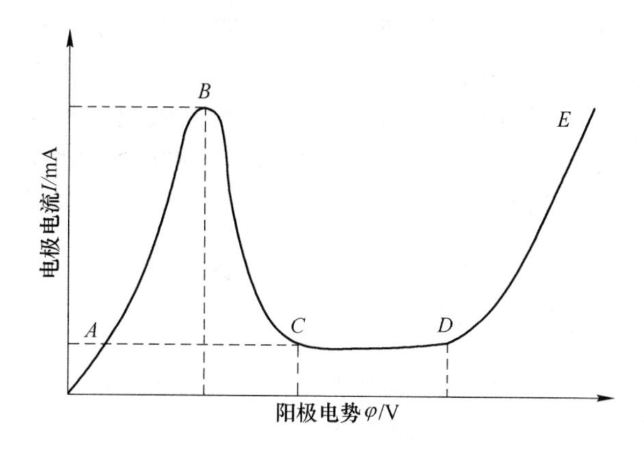

图 16-1　金属阳极极化曲线

钝态而言，经常把 *A* 与 *C* 电位范围的电极状态称为“活化态”。*CD* 段称为钝化区或稳定钝化区。

（4）*DE* 段。电位从 *D* 点正移，阳极电流又重新升高，此段称为过钝化区。电流增大的原因可能是高价金属离子的产生，也可能是 OH^- 在阳极上放电析出氧气所致，还可能是两者同时发生。

此曲线通常又称为阳极钝化曲线，在电化学过程中，这种形式的极化曲线相当普遍，而且有很大的实际意义。用慢扫描法测定极化曲线，就是利用慢速线性扫描信号控制恒电位仪或恒电流仪，使极化测量的自变量连续线性变化，同时用 *X*-*Y* 记录仪自动记录极化曲线。按控制方式可分为控制电位法和控制电流法。

本实验是用控制电位法测定镍在 0.1N 的 H_2SO_4 溶液中的极化曲线。该法是用线性扫描信号控制恒电位仪（本实验使用的“电化学综合测试仪”包括恒电位仪）的给定电位，而恒电位仪可自动调节极化电流，使研究电极电位随给定电位发生线性变化，记录扫描时的曲线。在这种情况下，给定电位是连续变化的，这种方法可称为动电位法。但由于恒电位仪可非常迅速地调节极化电流而维持研究电极电位等于给定电位，使之同样发生线性变化，而不受电解池等效阻抗变化的影响。从这种意义上讲，这种方法具有恒电位的性质，因此有时称其为“恒电位扫描法”。表面看起来，又“恒”又“扫”又“恒电位”又“动电位”，似乎矛盾。其实不然，“扫描”和“动电位”主要指电位的给定方式；而“恒电位”主要指研究电极电位随给定电位而变化，不受其他因素的影响。显然要做到这种“恒电位扫描”，恒电位仪必须有足够快的响应速度，即响应频率要高，否则来不及及时调节极化电流，就不能使研究的电极电位按照扫描信号发生线性变化。

16.3 实验仪器与试剂

（1）实验仪器：电化学综合测试仪、直流数字电压表、电解池、铂电极、饱和甘汞电极、金相砂纸。

（2）实验试剂：丙酮、0.1N H_2SO_4 溶液。

16.4 实验步骤

（1）电极处理。用金相砂纸将镍电极表面从粗到细逐渐研磨光亮，再用绒布抛光成镜面；用放大镜观察其表面，直到呈金属光泽的光亮平面，测量电极表面积；另一面用环氧树脂密封。

（2）溶液配制。用去离子水和分析纯硫酸配制成0.1N的硫酸溶液，待用；配制饱和氯化钾溶液，备用。

（3）按要求安装好电解池、各电极、毛细管，并接好电路。

（4）仪器均预热30min以上。

（5）设定慢扫描波形、扫描速度、扫描电压范围。

（6）测量：启动电化学综合测试仪，开始检测并记录。

（7）实验完毕，断电，取下记录纸，记全实验条件，做好清理。

16.5 注意事项

（1）电极电位的测量是通过参比电极进行的，目的是测量相对于参比电极电位而言的电极电位的改变值，虽然极化过电位值与选用参比电极的类型无关，但是测得的电极电位值却与参比电极有关。为了标明实验条件，在写电极电位值时，应说明参比电极的类型。

（2）必须掌握各仪器的正确使用方法，了解各开关、旋钮的作用后，再自行调试、实验，避免仪器损坏。

（3）根据条件，可选用其他型号的仪器进行实验。

16.6　实验记录

研究电极材料：________；研究电极面积：________；辅助电极：________；参比电极：________；介质条件：________；温度：________；扫描速度（mV/s）________；扫描范围________。

要有完整的实验测得的极化曲线，并标明 X 轴和 Y 轴的量程值。

16.7　实验数据处理与报告编写

16.7.1　数据处理

根据实验结果，应给出致钝电流密度、致钝电位、维钝电流密度、维钝电位、钝态电位范围。

16.7.2　编写报告

实验报告内容应包括实验名称、日期、目的，基本原理简述，实验仪器和药剂，电位扫描法方法，实验步骤，实验记录，数据处理，实验结果，分析讨论。

16.8　思考题

（1）满足哪些条件的电极才能做参比电极？

（2）溶液中有氯离子时，对阳极有一定的活化作用，此时的阳极钝化曲线将如何变化？

实验 17　铜的电解精炼实验

17.1　实验目的

（1）了解铜电解精炼的基本原理。

（2）熟悉铜电解精炼的实验方法及电流效率的测定。

17.2　实验基本原理

铜的电解精炼，是将火法精炼的铜铸成阳极板，用纯铜薄片作为阴极板，相间地装入电解槽内，用硫酸铜及硫酸的水溶液作电解液，在直流电的作用下使阳极溶解，在阴极析出更纯的金属铜的过程。根据电化学性质的不同，阳极中的杂质或者进入阳极泥，或者保留在电解液中而被脱除。

铜电解精炼在由硫酸铜和硫酸组成的水溶液中进行，根据电离理论，水溶液中存在 H^+、Cu^{2+}、SO_4^{2-} 离子和水分子，将发生如下相应的反应。

（1）阳极反应。阳极上可能进行的反应如下：

$$Cu-2e=\!=\!=Cu^{2+} \qquad \varphi_{Cu^{2+}/Cu}=0.34V \qquad (17-1)$$

$$Me-2e=\!=\!=Me^{2+} \qquad \varphi_{Me^{2+}/Me}<0.34V \qquad (17-2)$$

$$H_2O-2e=\!=\!=2H^++1/2O_2 \qquad \varphi_{O_2/H_2O}=1.229V \qquad (17-3)$$

$$SO_4^{2-}-2e=\!=\!=SO_3+1/2O_2 \qquad \varphi_{O_2/SO_4^{2-}}=2.42V \qquad (17-4)$$

根据电化学原理，在阳极上溶解的是电极电位代数值较小的还原态物质。由于 H_2O 及 SO_4^{2-} 的标准电位远比铜的电位正。式（17-3）、式（17-4）反应不可能进行；电位比铜负的碱金属将在阳极上优先溶解，但其含量很少，贵金属（如 Au、Ag 电位远比铜的电位正，不能进行阳极溶解）和某些金属（如硒、碲等和铜形成不溶解的化合物）不溶，成为阳极泥沉入槽底；因此，在阳极上进行的主要反应是铜以二价形态溶解。

（2）阴极反应。阴极上可能进行的反应如下：

$$Cu^{2+}+2e = Cu \qquad \varphi_{Cu^{2+}/Cu}=0.34V \qquad (17-5)$$

$$2H^{+}+2e = H_2 \qquad \varphi_{H^{+}/H_2}=0V \qquad (17-6)$$

$$Me^{2+}+2e = Me \qquad \varphi_{Me^{2+}/Me}<0.34V \qquad (17-7)$$

根据电化学原理，在阴极上析出的是电极电位代数值较大的氧化态物质。氢的标准电位较铜负，而氢在铜阴极上析出的超电压又很大，故在正常情况下，式（17-6）不可能进行，电位较负的碱金属不能在阴极上析出，留在电解液中，待电解液定期净化时除去。因此在阴极上进行的主要反应是二价铜离子的析出。这样，在阴极上析出的铜纯度很高，称为电解铜，简称电铜（含铜量高于 99.9%）。

铜电解精炼时的电流效率，一般是指阴极电流效率而言，它是电铜实际产量与按照法拉第计算的理论产量之比，以百分数表示的一个指标；它直接影响铜电解精炼的电能消耗，电流效率越低或槽电压越高，电能消耗越大，工厂中的电流效率在一般情况下约为 95%~98%。

电解条件：温度 55~60℃；电流密度 300A/m^2；电解液成分 Cu^{2+} 45g/L，H_2SO_4 210g/L，硫脲 0.03g/L。

17.3　实验原料及设备

（1）原料：硫酸铜、硫酸、粗铜板、纯铜片、硫脲，均为分析纯。

（2）设备：直流电源、恒温水浴锅、烧杯。具体实验装置如图 17-1 所示。

17.4　实验步骤和现象

（1）砂纸打光，水洗干净，酒精冲洗，电吹风吹干后称重。

（2）将阳极板用 20%硫酸溶液浸泡 15min，水洗干净，用滤纸擦干。

（3）将阴、阳极板放入电解槽中，极板间距为 35~40mm，极板进入部分高度为 80mm。

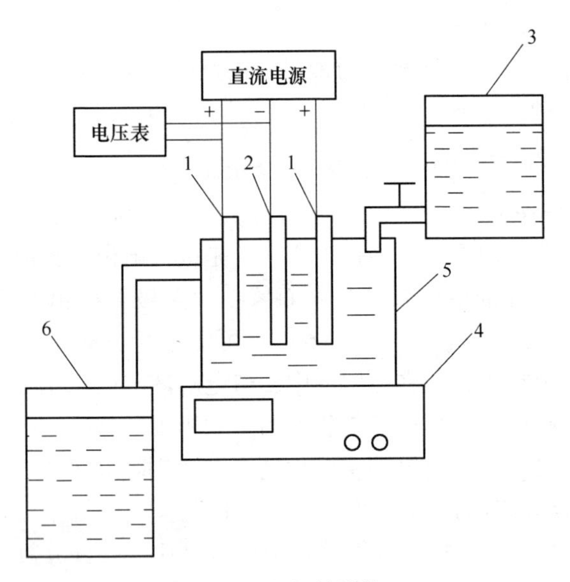

图 17-1　电解精炼装置

1—粗铜板；2—纯铜片；3—高位槽；4—数显恒温水浴；5—电解槽；6—低位槽

（4）打开集热式磁力加热搅拌器电源，加热电解液，控制温度在55~60℃之间。

（5）接好线路，接通直流稳压稳流电源，使 $I=1.66$A，记下开始电解的时间。

（6）测量槽电压，应为0.2~0.25V。

（7）电解30min。

（8）关闭电源，拆去线路，取出电极，用水洗净，将阴极板用酒精擦洗后用电吹风吹干，称重。

（9）实验完毕，打扫实验场地。

17.5　实验结果及数据处理

17.5.1　实验数据记录

电解时间：30min。

电解电流：1.66A。

阳极板电解前质量：189.841g，电解后质量：190.809g。

17.5.2　数据处理

理论析出金属（g）= 电流强度（A）×电解时间（h）×电化当量（g/(A·h)）

$$M_{理论}=1.66\times0.5\times1.186=0.984\text{g}$$

$$M_{实际}=190.809-189.841=0.968\text{g}$$

$$\eta=\frac{实际析出金属量}{理论析出金属量}\times100\%=98.37\%$$

17.5.3　编写报告

实验报告内容应包括实验名称、日期、目的，基本原理简述，实验仪器和药剂，电解精炼技术，实验步骤，实验记录，数据处理，实验结果，分析讨论。

17.6　实验讨论

电流效率为 98.37%，小于 100%，即实际的析出产量小于理论计算的析出量，其主要原因可能有：

（1）短路。即由于极板放置不正或阴极上产生树枝状结晶而引起阴阳极短路。

（2）漏电。由于电解槽与电解槽之间、电解槽与地面、溶液循环系统等绝缘不良引起的漏电。

（3）化学溶解。由于副反应，如阴极铜被空气氧化和铁离子的氧化还原作用，引起的铜的化学溶解。

（4）其他原因。如电解温度和电解液循环速度不合适，阳极板打磨不干净，电路系统有电流损失等原因，均会导致电流效率低于 100%。

17.7　思考题

（1）如何提高铜电解精炼的电流效率？

（2）如何回收铜电解精炼阳极泥中的有价金属？

实验 18　金属及合金的微弧氧化实验

18.1　实验目的

（1）巩固金属及合金电解的基础知识，了解微弧氧化国内外发展现状及该工艺的优点。

（2）了解铝、镁、钛等金属及合金表面微弧氧化的目的，掌握微弧氧化工艺实验所用设备，掌握微弧氧化的原理。

（3）分析电解液组分和浓度、电压、电流密度、处理时间等因素对微弧氧化膜层性质的影响。

18.2　实验原理

微弧氧化又称等离子体电解氧化、微等离子体氧化等。通过调整电解液与相应电参数，依靠弧光放电产生的瞬时高温高压作用，在铝、镁、钛等金属及合金表面原位生长出以基体金属氧化物为主的陶瓷膜层。

微弧氧化将工作区域由普通阳极氧化的法拉第区域引入到高压放电区域，克服了硬质阳极氧化的缺陷，极大地提高了膜层的综合性能。微弧氧化膜层与基体结合牢固，结构致密、韧性高，具有良好的耐磨、耐腐蚀、耐高温冲击和电绝缘等特性。该技术不仅具有操作简单和易于实现膜层功能调节的特点，而且工艺简便，不造成环境污染，是一项全新的绿色环保型材料表面处理技术，在航空航天、机械、电子、装饰等领域具有广阔的应用前景。

18.3　实验仪器与试剂

（1）实验仪器：微弧氧化电源、控制系统、电解槽、搅拌器、冷却系统、挂具、夹具、电子天平、容量滴定分析仪、超声波清洗机等。

（2）实验试剂：30mm×25mm×2mm 的金属及合金试样若干，电解液、去离子水、铜导电板、棒、导线等。

（3）实验装置：如图 18-1 所示。

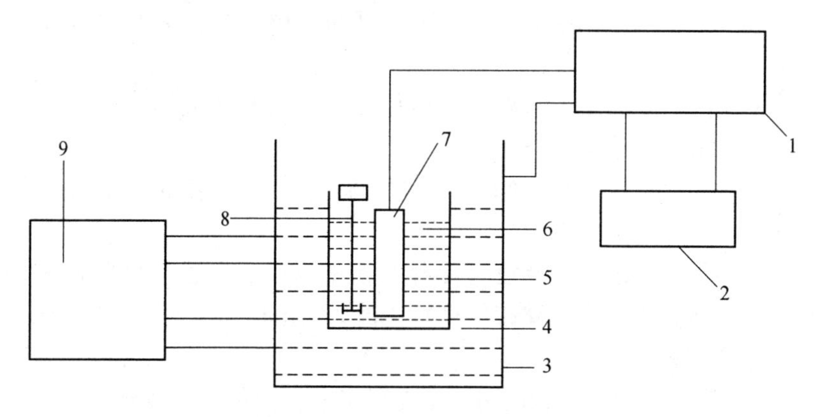

图 18-1　微弧氧化实验装置

1—微弧氧化电源；2—控制系统；3—水柜；4—冷却水；5—电解槽；6—电解液；7—试样；8—搅拌器；9—工业冷却系统

18.4　实验步骤

（1）电解液配制见表 18-1。

表 18-1　微弧氧化电解液配制

电解液编号	适用合金	配方
1	铝合金	40g/L $(NaPO_3)_6$+8g/L NH_4VO_3+2g/L KOH pH<7 时加 KOH 调节
2	铝合金	40g/L $(NaPO_3)_6$+1.6g/L KOH+5g/L Na_2SiO_3+3g/L $Na_2B_4O_7$
3	镁合金	8g/L Na_2SiO_3+2g/L KOH+0.5g/L NaF
4	镁合金	10g/L $NaAlO_2$+1g/L KOH+0.5g/L NaF

（2）试样制备：

1）除油除锈。除去试样表面的各类油污和锈渍等，油脂包括植物油、动物油和矿物油等，使试样表面能够全部被水润湿。

2）抛光。抛光试样表面，使其更加平整，微弧氧化膜层更加均匀。

3）清洗。采用超声波清洗机漂洗，去除试样表面污渍。

（3）微弧氧化：

1）根据实验方案，称取所需的电解质，在1000mL烧杯中用去离子水溶解。

2）将配置好的溶液放入冷却水槽中，按要求连接好阴极和阳极，注意确保试样和线路接触良好，否则氧化时会因接触不良产生局部漏电现象。

3）启动搅拌器，若使用小型冷却水槽，则不需要冷却系统，其放出的热量能够很快放出。

4）启动微弧氧化电源，选择合适的工作方式（恒流或恒压），按实验条件设定工艺电参数进行微弧氧化。

5）实验过程结束后，关闭微弧氧化电源及其他设备。

（4）实验后处理。取出试样，用去离子水冲洗、干燥，按要求将电解液放入存放槽，清洗整理好实验用具。

18.5 注意事项

（1）取用电解液需戴手套、穿防护服。

（2）电解液溅到皮肤上时，先用毛巾擦干，再用大量清水冲洗。

（3）电源为高压、大电流，严禁未经老师允许私自开闭电源，安装电缆通电时不可接触导线和极板裸露部位，避免带电操作。

18.6 实验记录

试样材质：____________________

试样尺寸：____________________

试样有效面积：____________________

实验结果记入表18-2。

表 18-2　微弧氧化实验记录

序号	时间/min	温度/℃	电流/A		电压/V		频率/Hz		占空比/%		脉冲数/个		电解液成分	备注
			正向	负向	正向	负向	正向	负向	正	负	正向	负向		

18.7　实验数据处理与报告编写

18.7.1　数据处理

$$功率=电流\times电压 \tag{18-1}$$

对试样进行硬度、厚度、腐蚀等性能的检测，对外观形貌、微观形貌、盐雾腐蚀后的形貌等进行观察。

18.7.2　编写报告

实验报告内容应包括实验名称、日期、目的，实验基本原理，实验仪器和药剂，微弧氧化技术，实验步骤，实验记录，数据处理，实验结果，分析讨论。

18.8　思考题

（1）微弧氧化的优点是什么？

（2）微弧氧化过程中电解液主要成分浓度会如何变化，对微弧氧化过程有何影响，可采取哪些措施来减弱这种影响？

（3）影响膜层性质的因素有哪些？

（4）膜层有哪些应用？

附录　实验误差与数据处理

本附录主要介绍实验数据处理的一些原则，以便能正确地表示测量结果。

A　实验误差

A.1　一些有关的基本概念

（1）测量。从广泛的意义上说，测量就是对客观事物取得定量的数据，即是对事物的某种特征获得数字的表征。从计量学的意义上说，测量是将待测的量与作为测量单位的标准量进行比较。

（2）标准。从上述概念出发，测量总得有一个标准做参考，以便将被测的量同这个参考标准做比较。参考标准一般有三种类型：

1）真值 A_0。真值 A_0 或者称为理论值或定义值。例如，可取真空中光速作为速度的计量标准。这样的参考标准实际上是不存在的，它只存在于纯理论之中。所以绝对的真值是不可知的，但是随着人类认识的发展，可以无限地逐步逼近它。

2）指定值 A_S。由于绝对的真值不可知，所以一般由计量单位设立各种尽可能维持不变的实物基准和标准器，指定以它的数值作为参考标准。

3）实际值 A。由于日常工作仪器（量具）是通过多级计量检定网来进行一系列逐级对比，在每一级的对比中常以直接上级的标准器的量值 A 当作近似真值，故称之为实际值或传递值。

（3）误差与修正值（改正值）。测量总有误差，这表现为在同一条件下对同一对象进行重复测量可能会得到不同的结果，这是因为有许多因素在影响着测量的过程，而各种影响因素还在经常不断地变化。因此，测量之值 x 并非被测之量的真值 A_0，而是近似值。测定值与真值之差称为误差（或绝对误差）。如令 Δx 表示误差，则：

$$\Delta x = x - A_0 \quad \text{(A-1)}$$

当测定值大于真值时，我们说测量误差为正；反之，当测量值小于真值时，测量值误差为负。具有正误差的测定值应以一个负值去修正，而具有负误差的测定值应以一个正值去修正。误差值与修正值数值相等，符号相反。如以 C 表示修正值，则：

$$C = -\Delta x = A_0 - X \quad \text{(A-2)}$$

（4）不确定度。因为真值 A_0 是不可知的，所以，Δx 值也不能准确知道。然而，常可由各种依据估计 Δx 的绝对值的一个上限 U，即：

$$|\Delta x| = |x - A_0| < U \quad \text{(A-3)}$$

这个上限 U 通常称为不确定度，也就是估计出来的一个误差限。这种估计涉及概率或置信度的问题。

（5）置信限与置信概率。对于一个测量结果，如果估计一个较小的 U 值，则 $|\Delta x|$ 实际上不小于 U 的可能性就较大，这样对误差就估计不足；反之，若估计一个较大的 U 值，则 $|\Delta x|$ 不大于 U 就非常可能。由此可见，置信限愈宽，则置信概率（可置信度）也愈大。然而，如果不确定度给得很大，则测量结果是没有意义的。能够容许的不确定度，取决于测量的目的及测量结果的用途，不能一概而定。置信概率多大才算合适，也同样取决于具体情况。

A.2　误差的分类

按误差产生的原因的不同，误差可分为系统误差、偶然误差和过失误差三种：

（1）系统误差。在一定条件下，误差数值的大小和正负号或者固定不变，或者按规律变化，有确定的平均值，这个平均值就是系统误差。产生系统误差的原因可能是仪表未经校正，温度、压力等条件的变化，观察者的习惯与偏向，方法不完善等。

系统误差决定了测量的“准确”程度，对上述产生系统误差的原因分别加以校正后可以将它消除。对系统误差的处理，一般是属于技术上的问题。

（2）偶然误差（随机误差）。由许多暂时尚未被掌握的规律或完全未知的因素造成的误差，称为偶然误差。这种误差数值的大小和符号的正负，具有偶然的性质，不能事先知道。但在同一条件下对同一个量进行多次重复测量时，可以发现这列测量中出现的偶然误差具有一定的统计分布规律，因而可由概率论的一些理论和统计学的方法来处理。所谓误差计算，就是计算偶然误差。

（3）过失误差。由于测量者在测量或计算时粗心大意造成的误差，称为过失误差。这种误差必须避免。

A.3 偶然误差的正态分布

从大量的实际统计中总结出一个结论：偶然误差的出现是遵循正态分布的。设在一定条件下对某一个量 x（其真值为 μ）进行多次重复测量，即进行 n 次等精度测量，得到一列的测量结果 x_1，x_2，…，x_n，则各个测得值出现的概率密度分布可以由正态分布函数表达。即把观测值 x 作为一个随机变量看待时，它的概率密度为：

$$p(x)=\frac{1}{\sigma\sqrt{2\pi}}\exp\left[\frac{-(x-\mu)^2}{2\sigma^2}\right] \tag{A-4}$$

如果令真误差（即测得值 x 离开真值 μ 的偏差）为 δ：

$$\delta=x-\mu \tag{A-5}$$

则式（A-4）可以改为：

$$p(\delta)=\frac{1}{\sigma\sqrt{2\pi}}\exp\left(\frac{-\delta^2}{2\sigma^2}\right) \tag{A-6}$$

这就是观测误差 δ 的概率密度，其中参数 σ 称为标准偏差。

σ^2 是一个与 μ 无关的定数，它的大小由测量的精度所决定。σ 越大，越精密。

$$\delta^2=\lim_{n\to\infty}\frac{1}{n}\sum_{i=1}^{n}\delta_i^2=\lim_{n\to\infty}\frac{1}{n}(x_1-\mu)^2 \tag{A-7}$$

式中，$\delta_i=x_i-\mu$（$i=1$，2，…，n）；x_i 为每次测定值。

函数 p（x）或 p（δ）的图形（图 A-1）称为正态分布曲线。测得值 x 出现在区间［x_1，x_b］内的概率，亦即真误差 δ 之值出现在区间［A，b］内的概率为，确切地说，应该是对任意 $\varepsilon>1$，$\lim_{n\to\infty}\left(\left|\frac{1}{n}=\sum_{i=1}^{n}(x_2-\mu)^2-y^2\right|<E\right)=1$，即 $\left|\frac{1}{n}\sum_{i=1}^{n}(x_2-\mu)^2-y^2\right|<$

ε。这个事件发生的概率当 $\eta\to\infty$ 时以 1 为极限，即此事件在 η 越大时越接近于必然发生的。

$$P\{x_a < x \leqslant x_b\} = \int_{x_a}^{x_b} P(x)\mathrm{d}x = P\{a < \sigma \leqslant b\} = \int_a^b P(\delta)\mathrm{d}\delta \qquad \text{(A-8)}$$

即等于图 A-1 中阴影部分的面积。

由图 A-1 可看出，正态分布反映了偶然误差的下列四个特征：

（1）误差出现在原点两侧对称区间上的概率相同；

（2）对长度相同的两个小区间来说，误差落在距原点近的小区间上的概率大，落在距原点远的区间上的概率小；

（3）绝对值很大的误差出现的概率近于零，亦即误差值为一定的实际极限长度；

（4）从特征 1 可以推论出：当 $\eta\to\infty$ 时，$\sum\delta_i\to 0$。亦即由于正负误差相互抵消，一列等精度测量中各个误差的代数和有趋于零的趋势。

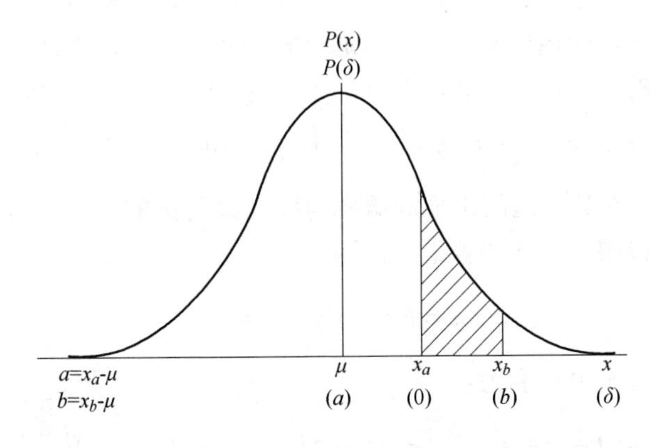

图 A-1　正态分布曲线

A.4　标准偏差与误差函数

标准偏差 σ 的数值取决于具体的测量条件。σ 的大小表征着测量诸结果的分散程度。不同 σ 值的三条正态分布曲线如图 A-2 所示。如图可见，σ 值越小，则分布曲线越尖锐。这意味着小误差出现的概率越大，而大误差出现的概率越小。σ 越小，表明测量的精密度越高。

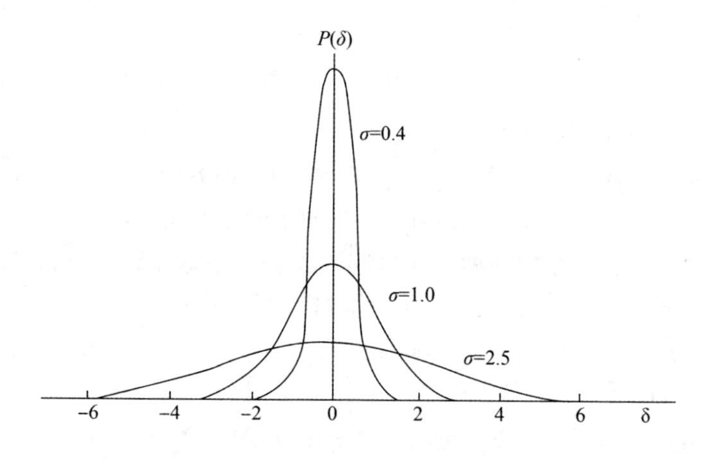

图 A-2 不同 σ 值的三条正态分布曲线

由前所述已知，测得值 x 出现在某一区间内的概率，或误差 δ 之值出现在某区间内的概率，可以通过积分式（A-8）来计算。由于分布是对称的，所以误差 δ 取对称的区间［$-A$，A］上值的概率为：

$$P\{-a \leqslant \delta \leqslant a\} = P\{\delta \leqslant a\} = \int_{-a}^{a} P(\delta)\,\mathrm{d}\delta = 2\int_{0}^{a} P(\delta)\,\mathrm{d}\delta \qquad (\text{A-9})$$

既然 δ 在某一区间出现的概率与标准偏差 σ 的大小密切相关，故常把误差极限取为 δ 的若干倍，即：

$$a = k\sigma \quad 或 \quad k = \frac{a}{\sigma} \qquad (\text{A-10})$$

于是，式（A-9）变为：

$$P\{|\delta| \leqslant k\sigma\} = P\left\{\left|\frac{\delta}{\sigma}\right| \leqslant k\right\} = 2\int_{0}^{k} \frac{1}{\sqrt{2\pi}} \exp\left(\frac{-\delta^2}{2\sigma^2}\right) \mathrm{d}\left(\frac{\delta}{\sigma}\right) \qquad (\text{A-11})$$

令

$$\frac{\delta}{\sigma} = t = \tau\sqrt{2}$$

代入式（A-11），得到：

$$P\{|\delta| \leqslant k\sigma\} = \frac{2}{\sqrt{2\pi}} = \int_{0}^{k} \mathrm{e}^{\frac{-t^2}{2}}\,\mathrm{d}t = \mathrm{erf}(k) = \frac{1}{\sqrt{2\pi}}\int_{0}^{k/\sqrt{2}} \mathrm{e}^{-\tau^2}\,\mathrm{d}\tau = \Phi\left(\frac{k}{\sqrt{2}}\right) \qquad (\text{A-12})$$

式中，erf（k）称为误差函数或概率积分；$\Phi\left(\frac{k}{\sqrt{2}}\right)$称为拉普拉斯函数。这两个函数均有现成的数表可查，常用的为 erf（k）数表。由表可查得：

$$P\{|\delta| \leqslant \sigma\} = 0.6846，即 P\{|\delta| > \sigma\} = 1 - 0.6846 \approx \frac{1}{3}$$

表示约每 3 次测量中可能有一次 $|\delta| > \sigma$。

$$P\{|\delta| \leqslant 2\sigma\} = 0.9545，即 P\{|\delta| > 2\sigma\} = 1 - 0.9544 \approx \frac{1}{22}$$

表示约每 22 次测量中可能有一次 $|\delta| > 2\sigma$。

$$P\{|\delta| \leqslant 3\sigma\} = 0.9973，即 P\{|\delta| > 3\sigma\} \approx \frac{1}{370} \approx \frac{3}{1000}$$

表示约每 1000 次测量中可能有 3 次 $|\delta| > 3\sigma$。

$$P\{|\delta| \leqslant 4\sigma\} = 0.9999，即 P\{|\delta| > 4\sigma\} = 1 - 0.9999 \approx \frac{1}{15625}$$

即大约每 15625 次测量中可能有一次 $|\delta| > 4\sigma$。

由于一般测量中，测量次数最多也只是几十次，因此可以认为，出现绝对值大于 3σ 的偶然误差的概率极小。通常把这最大可能出现的误差称为偶然误差的极限误差 Δ_{lim}，即

$$\Delta_{\text{lim}} = \pm 3\sigma$$

A.5　算术平均值与残差

实际测量的主要目的是要求得到被测量的真值 μ。如前所述，由于测量不可避免有误差，故每次测得之值 x_i 都不是真值。不过，可以根据一列 n 次等精度测量所得的 n 个结果 x_1，x_2，…，x_n 来对真值 μ 做出估计。真值 μ 的最佳估计值就是诸 x_i 的算数平均值：

$$\bar{x} = \frac{1}{n}\sum_{i=1}^{n} x_i = \frac{1}{n}(x_1 + x_2 + \cdots + x_n) \tag{A-13}$$

算术平均值 $\bar{x}$ 是真值 μ 的一个无偏估计，即是说，$\bar{x}$ 的数学期望是 μ。但是，当测量次数 n 无穷增大时，$\bar{x}$ 才会依概率收敛于数学期

望μ。当n为有限时，$\bar{x}$本身也是一个随机量，也服从正态分布。$\bar{x}$是的μ估计值。

x_i与$\bar{x}$之差称为残差（也称剩余误差），用d_i表示：

$$d_i = x_i - \bar{x} \neq \delta_i \tag{A-14}$$

显然，概括算术平均值$\bar{x}$的基本定义式（A-14），不论n为何值，都有

$$\sum_{i=1}^{n} d_i = \sum_{i=1}^{n} (x_i - \bar{x}) = 0 \tag{A-15}$$

可以用d_i代替δ_i对标准偏差σ进行估计，即：

$$\sigma^2 = \frac{1}{n-1}\sum_{i=1}^{n}(x_i - \bar{x})^2 = \frac{1}{n-1}\sum_{i=1}^{n} d_i^2 = \hat{\sigma}^2 \tag{A-16}$$

式（A-16）右边是σ^2的估值，为了与真值σ区别，用$\hat{\sigma}$来表示这个估值。

A.6 测量结果的置信度

前面已经谈到，可以利用误差函数求得δ出现在某一指定区间$[-A, A]$内的概率，也就是可以预计测得值x出现在某一指定区间$[\mu-A, \mu+A]$内的概率$P\{\mu-A \leqslant x \leqslant \mu+A\}$。这个指定的区间$[-A, A]$或$[\mu-A, \mu+A]$称为置信区间，$\pm A$或$\mu \pm A$称为置信限。而概率$P\{\mu-A \leqslant x \leqslant \mu+A\}$或$P\{\mu-A \leqslant x \leqslant \mu+A\}$就称为$\delta$或$x$在该置信区间或置信限内的置信概率或置信度。置信限与置信概率合起来说明了测量结果的精度。不言而喻，对于同一个测量结果来说，置信区间越宽，置信概率就越大；反之置信区间越窄，置信概率就越小。

通常习惯以σ的若干倍来表示A的值，即$A = k\sigma$。

在实际测量中，人们真正关心的是被测量的真值μ是多少，或者更确切地说，是μ值处于区间$[x-k\sigma, x+k\sigma]$内的概率有多大，也就是μ的置信度问题。标准偏差σ的估值也有置信度的问题。可以证明，当对一个量的测量次数n为10~20时，用$\bar{x}$估计μ的精度已相当高了。用σ估计σ^2（即用$\hat{\sigma}$估计σ）时，最好取$n \geqslant 25$。

A.7　可疑数据的剔除

在前面曾提到，在一列等精度测量中，大误差出现的概率是极小的。误差绝对值超过 3σ 的概率仅为 $\frac{3}{1000}$。因此，如果遇到残差 d 的绝对值超过 3σ，那么这个数据就颇值得怀疑。然而，大误差出现的概率虽然很小，但毕竟不为零。因此，在 n 较大时，也不能排除出现大误差的可能性。

当出现大误差时，这个值对 $\bar{x}$ 及 $\hat{\sigma}$ 将产生很大的影响。遇到这种情况，一般做如下处理：

首先检查该次测量是否有过失误差，可以在同样条件下增补多次测量以校核。可疑数据的剔除，不少人采用 3σ 作为判据。就是把残差绝对值超过 3σ 的个别数据 x_i 判为可疑的，从而加以删除，在做统计计算时将此数据 x_i 摒弃不用。应该指出，这个 3σ 判据实质上是建立在 n 相当大的前提下的。当 n 不太大时，这个 3σ 判据并不很可靠。

关于剔除可疑数据的各种判据，一般都是以检验数据是否偏离正态为依据。H. M. Coodwin 曾提了一个简单的判断法，即略去可疑观测值后，计算其余各观测值的平均值及平均误差 ε，然后算出可疑观测值与平均值的偏差 d，如果 $d \geqslant 4\varepsilon$，则此可疑值可以舍弃。因为这种观测值存在的概率只有约 1‰。

A.8　绝对误差与相对误差

绝对误差是测定值与真值间的差异，而相对误差是绝对误差与真值之比，常用百分数表示。

绝对误差的单位与被测之量是相同的，而相对误差则是无因次的。另外绝对误差的大小与被观测量的大小无关，而相对误差则与被观测量的大小及绝对误差的数值都有关系。因此，无论是比较各种测量的精度，还是评定测量结果的质量，采用相对误差都更为合理。

B 有效数字和计算规则

对于一个量，只能以一定程度的近似值来表示测量的结果。如果任意地将近似值保留过多的位数，反而会歪曲测量结果的真实性。所谓有效数字，就是在一个数值中，从左边开始不为零的数字算起，误差不大于第 m 位上半个单位时，称为 m 位有效数字。例如，$\pi=3.1415926\cdots$，则 3.14、3.1416 分别是 π 的 3 位、5 位有效数字。

有效数字与小数点位置无关，如 1.234、123.4 和 12.34 的有效位数皆为 4。关于数字“0”，它可以是有效数字，也可以不是有效数字。例如在 2.004 中，“0”是有效数字。在 0.032 中，“0”只起定位作用，不是有效数字，有效数字只有三位。在 0.0040 中，前面三个“0”不是有效数字，后面一个“0”是有效数字。像 3600 这样的数字，有效数字可能是 2 位、3 位或 4 位。对于这样的情况，应该根据实际的有效数字位数，写成 3.6×10^3，3.60×10^3，3.600×10^3，以正确表示实验结果的准确度。

有效数字的计算规则如下：

（1）几个数相加或相减时，它们的和或差只能保留一位不确定数字，即有效数字的保留应以小数点后位数最少的数字为根据。例如将 13.65、0.0082、1.632 三个数目相加时，结果应是 15.29。可以如下说明此为合理答案：不确定数字用“?”号标出，相加结果只能最后一位是可疑值，这就符合实际情况。

```
     13.65
         ?
     0.0082
         ?
     1.632
 +)      ?
 ----------
    15.2902
       ???
```

根据加减法中误差传递规律，也可以得到相同的结果。假定 3 个测定数中最后一位有半单位的绝对误差，即 13.65±0.005、0.0082±0.00005、1.632±0.0005，故总的绝对误差=0.005+0.00005+0.0005≈0.005。

可见计算结果中小数点后第二位数字有误差，所以有效数字只能保留到这一位。

（2）在乘除法中，一般说来，有效数字取决于相对误差最大的那个数，以它的有效位数来确定结果的有效数字位数。

例如，在 0.0121×25.64×1.05782 中，三个数的最后一位数字都有半个单位的绝对误差，则它们的相对误差相应为：

0.0121 的相对误差为 $\frac{1}{121}\times 50\% = 0.4\%$

25.64 的相对误差为 $\frac{1}{2564}\times 50\% = 0.02\%$

1.05782 的相对误差为 $\frac{1}{105782}\times 50\% = 0.000045\%$

计算所得结果的相对误差为：

$$0.4\% + 0.02\% + 0.000045\% \approx 0.4\%$$

因第一个数有三位有效数字，其相对误差最大，故应以此数值的尾数为准，确定结果数值的有效数字取三位，由此得 0.012×25.64×1.05782=0.328。

（3）在对数计算中，所取对数位数应与真数有效数字位数相等。

（4）在所有计算式中，常数 π、e 等的数值以及乘子（如$\sqrt{2}$、1/2）等的有效数字位数，可以为无限，即在计算中，需要几位就可以写几位。

（5）表示失误时，在大多数情况下，只取一位有效数字，最多取两位数字。

（6）计算中，在还没有得到最后的结果以前，各个数的保留字数可比有效数字多 1~2 位，以避免影响最后结果的准确性。

（7）在弃去不必要的尾数时，一般按照“四舍五入”的方法，也可以用“四舍五入五成双”的方法。前者是尾数≤4 时舍去，≥6

时进位，尾数=5时，如进位后得偶数则进位，舍去后得偶数则舍去。例如，将2.604、2.605、2.615分别处理成三位数，用“四舍五入”法得2.60、2.61、2.62；用“四舍五入五成双”法得2.60、2.60和2.62。“四舍五入五成双”法的优点是避免了数据偏向一边的倾向。

C　间接测量中的误差

实验中的大多数数值是由一些间接测定的量间接计算得出的，设函数式为：

$$y=f(x_1, x_2, x_3, \cdots, x_n) \tag{C-1}$$

y 由 x_1、x_2、x_3 等待测定的量所决定。令 Δx_1、Δx_2、Δx_3 等分别代表测量 x_1、x_2、x_3 时的误差，Δy 为 y 的误差。

为了计算方便，可以先计算先锋队误差。用微分法进行函数的相对误差计算比较简便。当 Δy 比 Y 足够小时，可认为 $\frac{\Delta y}{y}=\frac{dy}{y}$，而 $\frac{\Delta y}{y}=$ dlny，所以可以把 y 的相对误差计算公式取对数：

$$\ln y=\ln A+\ln x_1+\ln x_2+\ln x_3-\ln x_4$$

再微分：

$$d\ln y=d\ln A+d\ln x_1+d\ln x_2+d\ln x_3-\ln x_4$$

即：

$$\frac{dy}{y}=\frac{dx_1}{x_1}+\frac{dx_2}{x_2}+\frac{dx_3}{x_3}-\frac{dx_4}{x_4}$$

考虑误差有可能积累而取其绝对值 $\left|\frac{\Delta y}{y}\right| \leqslant \left(\left|\frac{\Delta x_1}{x_1}\right|+\left|\frac{\Delta x_2}{x_2}\right|+\left|\frac{\Delta x_3}{x_3}\right|+\left|\frac{\Delta x_4}{x_4}\right|\right)$ 作相对误差限。式中 x_1、x_2、x_3、x_4，根据具体实验情况可以是平均值，也可以是一次测定值，例如式样的质量，就是一次称量值。

各间接测量的实验中的量的相对误差计算公式，应根据具体的函数关系公式推导，常见函数相对误差计算公式见表C-1。

表 C-1　常见函数相对误差计算公式

函数关系式	相对误差限计算公式	函数关系式	相对误差限计算公式
$y = x_1 + x_2$	$\left\lvert\frac{\Delta y}{y}\right\rvert \leqslant \frac{\lvert\Delta x_1\rvert + \lvert\Delta x_2\rvert}{x_1 + x_2}$	$y = e^{ax}$	$\left\lvert\frac{\Delta y}{y}\right\rvert \leqslant \lvert a \rvert \lvert \Delta x\rvert$
$y = x_1 - x_2$	$\left\lvert\frac{\Delta y}{y}\right\rvert \leqslant \frac{\lvert\Delta x_1\rvert + \lvert\Delta x_2\rvert}{x_1 - x_2}$	$y = e^{bx}$	$\left\lvert\frac{\Delta y}{y}\right\rvert \leqslant \lvert b\ln a\rvert \lvert \Delta x\rvert$
$y = x_1 + x_2 - x_3$	$\left\lvert\frac{\Delta y}{y}\right\rvert \leqslant \frac{\lvert\Delta x_1\rvert + \lvert\Delta x_2\rvert + \lvert\Delta x_3\rvert}{x_1 + x_2 - x_3}$	$y = \sin x$	$\left\lvert\frac{\Delta y}{y}\right\rvert \leqslant \lvert \cot x\rvert \lvert \Delta x\rvert$
$y = \frac{x_1^a x_2^b}{x_3^a}$	$\left\lvert\frac{\Delta y}{y}\right\rvert \leqslant \frac{a\lvert\Delta x_1\rvert}{x_1} + \frac{b\lvert\Delta x_2\rvert}{x_2} + \frac{c\lvert\Delta x_3\rvert}{x_3}$	$y = \tan x$	$\left\lvert\frac{\Delta y}{y}\right\rvert \leqslant \frac{\lvert\Delta x\rvert}{\lvert\sin x \cdot \cos x\rvert}$
$y = e^x$	$\left\lvert\frac{\Delta y}{y}\right\rvert \leqslant \lvert\Delta x\rvert$	$y = x^w$	$\left\lvert\frac{\Delta y}{y}\right\rvert \leqslant \lvert 1\ln x \rvert \lvert\Delta \omega\rvert \lvert \omega \rvert \left\lvert\frac{\Delta x}{x}\right\rvert$

在很多情况下，对间接测量的量，除各自变量的误差会影响实验结果外，其他因素的变化也会影响试验结果。此时，要把这些因素变化带来的误差加到误差计算公式中去。例如，当测系数 D 时，用下列公式计算：

$$D = \frac{x^2}{\pi\left(1 - \frac{c_x}{c_0}\right)^2 \tau} \tag{C-2}$$

式中 c_0——某物质量初浓度；
c_x——再给定层的浓度；
τ——时间；
x——层的厚度。

将式（C-2）取对数，再微分，分别得：

$$\ln D = 2\ln x - 2\ln\left(1 - \frac{c_x}{c_0}\right) - \ln\tau - \ln\pi$$

$$\mathrm{d}\ln D = \frac{\mathrm{d}D}{D} = 2\frac{\mathrm{d}x}{x} + 2\frac{\mathrm{d}c_x}{c_0 - c_x} - \frac{\mathrm{d}\tau}{\tau}$$

温度的起伏在保持恒温时，由于可能产生扩散系数的附加误差，D 与温度 T 有以下关系：

$$D = A\mathrm{e}^{-Q/RT}$$

式中，A、Q 和 R 均为常数，因此 $\mathrm{d}\ln D = \frac{\mathrm{d}D}{D} = \frac{Q\mathrm{d}T}{RT^2}$。

所以扩散系数的相对误差计算公式也应该包括温度起伏所附加的误差。即

$$\frac{D}{D} = \frac{2|\Delta x|}{x} + 2\frac{|\Delta c_x|}{c_0 - c_x} + \frac{|\Delta\tau|}{\tau} + \frac{Q}{R}\frac{|\Delta T|}{T^2} \tag{C-3}$$

式中各自变量不一定为诸次测量的平均值，可为一固定值。

D 实验数据处理方法

数据处理指的是实验获得数据后，经过整理、计算、分析、绘制成图及拟合对比等总结出有效结论，这项数据后期处理对实验工作及科学研究非常重要。随着现代化信息技术手段的不断发展，数据处理

方法多种多样，以下仅介绍一些基本的数据处理方法。

D.1 列表法

对一个物理量进行多次测量或研究几个量之间的关系时，往往借助于列表法把实验数据列成表格。其优点是，使大量数据表达清晰醒目、条理化，易于检查数据和发现问题，避免差错，同时有助于反映出物理量之间的对应关系。所以，设计一个简明醒目、合理美观的数据表格，是每一位同学都要掌握的基本技能。

列表没有统一的格式，但所设计的表格要能充分反映上述优点，应注意以下几点：

（1）各栏目均应注明记录的物理量的名称（符号）和单位；

（2）栏目的顺序应充分注意数据间的联系和计算顺序，力求简明、齐全、有条理；

（3）表中的原始测量数据应正确反映有效数字，数据不应随便涂改，确实要修改数据时，应将原来数据画条杠以备随时查验；

（4）对于函数关系的数据表格，应按自变量由小到大或由大到小的顺序排列，以便于判断和处理。

D.2 图解法

曲线图能够直观地表示实验数据间的关系，找出物理规律，因此图解法是数据处理的重要方法之一。图解法处理数据，首先要绘出合乎规范的曲线图，其要点如下：

（1）选择图纸。绘图纸有直角坐标纸（即毫米方格纸）、对数坐标纸和极坐标纸等，应根据绘图需要选择。在物理实验中比较常用的是毫米方格纸，其规格多为17cm×25cm。

（2）曲线改直。由于直线最易描绘，且直线方程的两个参数（斜率和截距）也较易算得，所以对于两个变量之间的函数关系是非线性的情形，在用图解法时应尽可能通过变量代换将非线性的函数曲线转变为线性函数的直线。下面为几种常用的变换方法。

1）$xy=c$（c 为常数）。令 $z=\dfrac{1}{x}$，则 $y=cz$，即 y 与 z 为线性关系。

2） $x=c\sqrt{y}$ （c 为常数）。令 $z=x^2$，则 $y=\frac{1}{c^2}z$，即 y 与 z 为线性关系。

3） $y=ax^b$ （a 和 b 为常数）。等式两边取对数得，$\lg y=\lg a+b\lg x$。于是，$\lg y$ 与 $\lg x$ 为线性关系，b 为斜率，$\lg a$ 为截距。

4） $y=ae^{bx}$ （a 和 b 为常数）。等式两边取自然对数得 $\ln y=\ln a+bx$。于是，$\ln y$ 与 x 为线性关系，b 为斜率，$\ln a$ 为截距。

（3）确定坐标比例与标度。合理选择坐标比例是作图法的关键所在。作图时通常以自变量作横坐标（x 轴），因变量作纵坐标（y 轴）。坐标轴确定后，用粗实线在坐标纸上描出坐标轴，并注明坐标轴所代表物理量的符号和单位。

坐标比例是指坐标轴上单位长度（通常为 1cm）所代表的物理量大小。坐标比例的选取应注意以下几点：

1）原则上做到数据中的可靠数字在图上应是可靠的，即坐标轴上的最小分度（1mm）对应于实验数据的最后一位准确数字。坐标比例选得过大会损害数据的准确度。

2）坐标比例的选取应以便于读数为原则，常用的比例为“1∶1”、“1∶2”、“1∶5”（包括“1∶0.1”、“1∶10”、…），即每厘米代表“1、2、5”倍率单位的物理量。切勿采用复杂的比例关系，如“1∶3”、“1∶7”、“1∶9”等。这样不但不易绘图，而且读数困难。

坐标比例确定后，应对坐标轴进行标度，即在坐标轴上均匀地（一般每隔 2cm）标出所代表物理量的整齐数值，标记所用的有效数字位数应与实验数据的有效数字位数相同。标度不一定从零开始，一般用小于实验数据最小值的某一数作为坐标轴的起始点，用大于实验数据最大值的某一数作为终点，这样图纸可以被充分利用。

（4）数据点的标出。实验数据点在图纸上用“+”符号标出，符号的交叉点正是数据点的位置。若需在同一张图上绘制几条实验曲线，各条曲线的实验数据点应该用不同符号（如×、⊙等）标出，以示区别。

（5）曲线的描绘。由实验数据点描绘出平滑的实验曲线，连线要用透明直尺或三角板、曲线板等拟合。根据随机误差理论，实验数据应均匀分布在曲线两侧，与曲线的距离尽可能小。个别偏离曲线较远的点，应检查标点是否错误，若无误表明该点可能是错误数据，在连线时不予考虑。对于仪器仪表的校准曲线和定标曲线，连接时应将相邻的两点连成直线，整个曲线呈折线形状。

（6）注解与说明。在图纸上要写明图线的名称、坐标比例及必要的说明（主要指实验条件），并在恰当地方注明作者姓名、日期等。

（7）直线图解法求待定常数。直线图解法首先是求出斜率和截距，进而得出完整的线性方程。其步骤如下：

1）选点。在直线上紧靠实验数据两个端点内侧取两点 $A(x_1, y_1)$、$B(x_2, y_2)$，并用不同于实验数据的符号标明，在符号旁边注明其坐标值（注意有效数字）。若选取的两点距离较近，计算斜率时会减少有效数字的位数。这两点既不能在实验数据范围以外取点，因为它已无实验根据；也不能直接使用原始测量数据点计算斜率。

2）求斜率。设直线方程为 $y=a+bx$，则斜率为：

$$b = \frac{y_2 - y_1}{x_2 - x_1} \tag{D-1}$$

3）求截距。截距的计算公式为：

$$a = y_1 - bx_1 \tag{D-2}$$

由于直线不仅绘制方便，而且所确定的函数关系也简单等特点，因此，对非线性关系的情况，应在初步分析、把握其关系特征的基础上，通过变量变换的方法将原来的非线性关系化为新变量的线性关系，即将“曲线化直”，然后再使用图解法。

例 D-1　用图示法和图解法处理热敏电阻的电阻 R_T 随温度 T 变化的测量结果。

解：

（1）曲线化直。根据理论，热敏电阻的电阻-温度关系为：

$$R_T = a\mathrm{e}^{\frac{b}{T}}$$

为了方便地使用图解法，应将其转化为线性关系，取对数有：

$$\ln R_T = \ln a + \frac{b}{T}$$

令 $y=\ln R_T$，$a'=\ln a$，$x=\frac{1}{T}$，有：

$$y=a'+bx$$

这样，便将电阻 R_T 与温度 T 的非线性关系化为了 y 与 x 的线性关系。

（2）转化实验数据。将电阻 R_T 取对数，将温度 T 取倒数，然后用直角坐标纸作图，将所描数据点用直线连接起来。

（3）使用图解法求解。先求出 a' 和 b；再求 a；最后得出 R_T-T 函数关系。

D.3 逐差法

当两个变量之间存在线性关系，且自变量为等差级数变化的情况下，用逐差法处理数据既能充分利用实验数据，又具有减小误差的效果。具体做法是将测量得到的偶数组数据分成前后两组，将对应项分别相减，然后再求平均值。

例如，在弹性限度内，弹簧的伸长量 x 与所受的载荷（拉力）F 满足线性关系：

$$F=kx$$

实验时等差地改变载荷，测得一组实验数据，见表 D-1。

表 D-1 实验数据

砝码质量/kg	1.000	2.000	3.000	4.000	5.000	6.000	7.000	8.000
弹簧伸长位置/cm	x_1	x_2	x_3	x_4	x_5	x_6	x_7	x_8

求每增加 1kg 砝码弹簧的平均伸长量 Δx。

若不加思考进行逐项相减，很自然会采用下列公式计算

$$\Delta x=\frac{1}{7}[(x_2-x_1)+(x_3-x_2)+\cdots+(x_8-x_7)]=\frac{1}{7}(x_8-x_1)$$

结果发现除 x_1 和 x_8 外，其他中间测量值都未用上，它与一次增加 7 个砝码的单次测量等价。若用多项间隔逐差，即将上述数据分成前后两组，前一组（x_1，x_2，x_3，x_4），后一组（x_5，x_6，x_7，x_8），然后对应项相减求平均，即

$$\Delta x = \frac{1}{4 \times 4}[(x_5 - x_1) + (x_6 - x_2) + (x_7 - x_3) + (x_8 - x_4)]$$

这样全部测量数据都用上，保持了多次测量的优点，减少了随机误差，计算结果比前面的要准确些。逐差法计算简便，特别是在检查具有线性关系的数据时，可随时“逐差验证”，及时发现数据规律或错误数据。

D. 4　最小二乘法

由一组实验数据拟合出一条最佳直线，常用的方法是最小二乘法。设物理量 y 和 x 之间满足线性关系，则函数形式为：

$$y = a + bx$$

最小二乘法就是用实验数据确定方程中的待定数 a 和 b，即直线的斜率和截距。

讨论最简单的情况，即每个测量值都是等精度的，且假定 x 和 y 值中只有 y 有明显的测量随机误差。如果 x 和 y 均有误差，只要把误差相对较小的变量作为 x 即可。由实验测量得到一组数据（x_i，y_i；$i=1$，2，…，n），其中 $x=x_i$ 时对应 $y=y_i$。由于测量总是有误差的，我们将这些误差归结为 y_i 的测量偏差，并记为 ε_1，ε_2，…，ε_n，如图 D-1 所示。

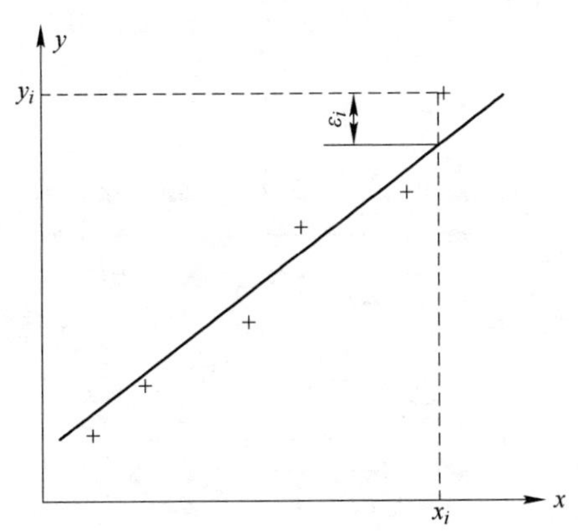

图 D-1　y_i 的测量偏差

这样，将实验数据（x_i，y_i）代入方程 $y=a+bx$ 后，可得到

$$\left.\begin{aligned} y_1-(a+bx_1)&=\varepsilon_1 \\ y_2-(a+bx_2)&=\varepsilon_2 \\ &\vdots \\ y_n-(a+bx_n)&=\varepsilon_n \end{aligned}\right\}$$

要利用上述的方程组来确定 a 和 b，那么 a 和 b 要满足什么要求呢？显然，比较合理的 a 和 b 是使 ε_1，ε_2，…，ε_n 数值都比较小。但是，每次测量的误差不会相同，反映在 ε_1，ε_2，…，ε_n 大小不一，而且符号也不尽相同。所以只能要求总的偏差最小，即

$$\sum_{i=1}^{n}\varepsilon_i^2 \rightarrow \min$$

令
$$S=\sum_{i=1}^{n}\varepsilon_i^2=\sum_{i=1}^{n}(y_i-a-bx_i)^2$$

使 S 为最小的条件是：

$$\frac{\partial S}{\partial a}=0,\ \frac{\partial S}{\partial b}=0,\ \frac{\partial^2 S}{\partial a^2}>0,\ \frac{\partial^2 S}{\partial b^2}>0$$

由一阶微商为0，得：

$$\left.\begin{aligned} \frac{\partial S}{\partial a}&=-2\sum_{i=1}^{n}(y_i-a-bx_i)=0 \\ \frac{\partial S}{\partial b}&=-2\sum_{i=1}^{n}(y_i-a-bx_i)x_i=0 \end{aligned}\right\}$$

解得：

$$a=\frac{\sum_{i=1}^{n}x_i\sum_{i=1}^{n}(x_iy_i)-\sum_{i=1}^{n}x_i^2\sum_{i=1}^{n}y_i}{\left(\sum_{i=1}^{n}x_i\right)^2-n\sum_{i=1}^{n}x_i{}^2} \tag{D-3}$$

$$b=\frac{\sum_{i=1}^{n}x_i\sum_{i=1}^{n}y_i-n\sum_{i=1}^{n}(x_iy_i)}{\left(\sum_{i=1}^{n}x_i\right)^2-n\sum_{i=1}^{n}x_i^2} \tag{D-4}$$

令 $\bar{x}=\frac{1}{n}\sum_{i=1}^{n}x_1$，$\bar{y}=\frac{1}{n}\sum_{i=1}^{n}y_i$，$\bar{x}^2=\left(\frac{1}{n}\sum_{i=1}^{n}x_1\right)^2$，$\overline{x^2}=\frac{1}{n}\sum_{i=1}^{n}x_i^2$，$\overline{xy}=$

$\frac{1}{n}\sum_{i=1}^{n}(x_1 y_i)$，则：

$$a = \bar{y} - b\bar{x} \tag{D-5}$$

$$b = \frac{\bar{x} \cdot \bar{y} - \overline{xy}}{\bar{x}^2 - \overline{x^2}} \tag{D-6}$$

如果实验是在已知 y 和 x 满足线性关系下进行的，那么用上述最小二乘法线性拟合（又称一元线性回归）可解得斜率 a 和截距 b，从而得出回归方程 $y=a+bx$。如果实验是要通过对 x、y 的测量来寻找经验公式，则还应判断由上述一元线性拟合所确定的线性回归方程是否恰当。这可用下列相关系数 r 来判别（参见图 D-2）：

$$r = \frac{\overline{xy} - \bar{x} \cdot \bar{y}}{\sqrt{(\overline{x^2} - \bar{x}^2)(\overline{y^2} - \bar{y}^2)}} \tag{D-7}$$

式中，$\bar{y}^2 = \left(\frac{1}{n}\sum_{i=1}^{n} y_1\right)^2$；$\overline{y^2} = \frac{1}{n}\sum_{i=1}^{n} y_i^2$。

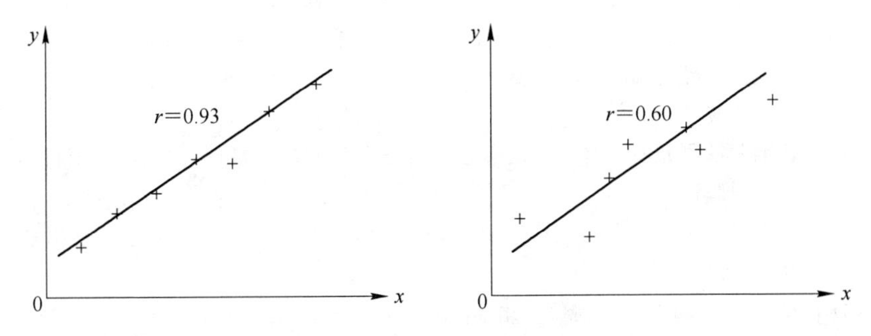

图 D-2　相关系数与线性关系

参考文献

[1] 邱竹贤. 有色金属冶金学 [M]. 北京：冶金工业出版社，1988.
[2] 赵延昌. 有色冶金实验 [M]. 沈阳：东北大学出版社，1993.
[3] 蒋汉瀛. 湿法冶金过程物理化学 [M]. 北京：冶金工业出版社，1984.
[4] 钟竹前，梅光贵. 湿法冶金过程 [M]. 长沙：中南工业大学出版社，1988.
[5] 张铁茂. 试验设计与数据处理 [M]. 北京：兵器工业出版社，1990.
[6] 吴贵生. 试验设计与数据处理 [M]. 北京：冶金工业出版社，1997.
[7] 陈建设. 冶金试验研究方法 [M]. 北京：冶金工业出版社，2005.
[8] 马肇曾. 应用无机化学实验方法 [M]. 北京：高等教育出版社，1990.
[9] 王常珍. 冶金物理化学研究方法 [M]. 4 版. 北京：冶金工业出版社，2013.
[10] 路忠胜. 重量法测定铝用阳极空气氧化速率 [J]. 轻金属，1991 (2).
[11] 徐日瑶. 金属镁生产工艺学 [M]. 长沙：中南大学出版社，2003.
[12] 傅崇说. 有色冶金原理 [M]. 第二版. 北京：冶金工业出版社，2005.
[13] 宋兴诚. 锡冶金 [M]. 北京：冶金工业出版社，2011.
[14] 戴永年. 有色金属材料的真空冶金 [M]. 北京：冶金工业出版社，2000.
[15] 班允刚. 铝电解用 TiB_2 基可湿润性阴极的研究 [D]. 沈阳：东北大学，2007.
[16] 鞍钢钢铁研究所，等. 实用冶金分析方法与基础 [M]. 沈阳：辽宁科学技术出版社，1990.
[17] 杨重愚. 氧化铝生产工艺学（修订版）[M]. 北京：冶金工业出版社，1993.
[18] 马荣骏. 萃取冶金 [M]. 北京：冶金工业出版社，2009.
[20] 何焕华. 中国镍钴冶金 [M]. 北京：冶金工业出版社，2009.
[21] 李继东. 以 Li_2CO_3 为原料制备金属锂及其合金的新工艺 [D]. 沈阳：东北大学，2009.
[22] 邱竹贤. 预焙槽炼铝 [M]. 北京：冶金工业出版社，2006.
[23] 高成. 微弧氧化工艺研究 [M]. 成都：电子科技大学出版社，2018.